KB037104

⑤

WRITER 홍신애

<모두의 떡볶이>에서 40가지가 넘는 다양한 떡볶이 요리를 소개한 홍신애 선생님은 요리연구가이자
자칭 타칭 '요리 덕후'입니다. 매번 맛있는 걸 먹으면서도 다음 끼니에는 어떤 더 맛있는 걸 먹을까가 인생
최대 고민인 그에게 떡볶이는 어린 시절부터 지금까지 그의 인생을 지탱해온 유일한 소울 푸드입니다.
미국으로 건너가 결혼 후 본격적인 요리 세계에 입문하면서 시작된 홍신애표 요리는 취미와 애호의
수준을 넘어 본격적인 탐구와 연구 영역으로 접어들었습니다. 푸드 스타일리스트를 거쳐 방송에서 재치
있는 입담과 박식한 요리 이야기로 많은 사랑을 받았습니다. 현재 레스토랑 '솔트'를 운영하며 작지만 꽉
찬 이탈리안 가정식 요리를 선보이고, 다양한 기업과의 협업으로 그만의 독창적인 요리 세계를 대중에게
소개하고 있습니다. '맛있는 것에는 다 이유가 있다', 홍신애 선생님의 요리 철학입니다. <모두의
떡볶이>에서 공개한 선생님의 이유 있는 떡볶이 레시피를 마음껏 읽고 따라 하며 맛보시길 바랍니다.

@hongshinae_   www.hongshinae.com

모두의 떡볶이

1판 1쇄 ○ 2020년 12월 30일(2000부)
1판 2쇄 ○ 2021년 1월 4일(2000부)

지은이 ○ 홍신애
기획 및 편집 ○ 장은실
교열 ○ 조진숙
사진 ○ 김정인
디자인 ○ 렐리시 Relish
인터뷰 ○ 김민정
촬영 도움 ○ 박윤경, 손장원, 유지상, 김창수
인쇄 ○ 규장각

펴낸이 ○ 장은실(편집장)
펴낸곳 ○ 맛있는 책방 Tasty Cookbook
　　　　　　서울시 마포구 서강로 30 동원스위트뷰 614호
　　　　　　 tastycookbook
　　　　　　 esjang@tastycb.kr

ISBN 979-11-969787-8-5 13590
2020©맛있는책방 Printed in Korea

모두의 떡볶이

홍신애 지음

맛있는
책방

홍신애의 파란만장 떡볶이 인생사

제가 떡볶이에 관한 책을 낸다고 하니 주변에서 "이제 떡볶이에까지
손을 뻗치는 거야?" 하며 농담을 하곤 합니다. 그럴 때는 그저
웃어넘기죠. 사람들은 제가 화려한 요리를 주로 만들고 떡볶이처럼
소박한 요리에는 흥미가 없을 거라고 여기는 것 같습니다.

하지만 사실 저는 진짜 떡볶이 마니아예요. 한번도 나서서 이 이야기를
해본 적은 없지만 돌이켜보면 제 인생의 중요한 순간마다 떡볶이는
항상 제 곁에 있었던 것 같아요. 저는 아주 어린 시절부터 떡볶이에
매료되었고 학창 시절을 거쳐 어른이 된 지금까지도 맛있는 떡볶이가
있다면 두 말 않고 찾아다니는 찐 떡볶이 애호가가 맞습니다.

이렇게 고백하는 건 제가 좋아하고 사랑해 마지않는 떡볶이에 관한
모든 것을 여러분과 나누고 싶어서입니다. 이 책에 실린 떡볶이

이야기와 레시피는 제 일생에서 가장 맛있고 인상적으로 남았던
떡볶이에 관한 스토리이거든요.

유치원생 홍신애,
리어카 떡볶이의 비법을 훔치다

저는 어린 시절 상도동에 살았습니다. 아마 떡볶이의 놀라운 맛에 막
눈을 뜨던 시기였을 거예요. 집 맞은편에는 '근대화 근 슈퍼마켓'이라는
이름의 간판을 단 상점이 있었습니다. 이 슈퍼마켓에 가서 뽑기를
잘하면 컵 떡볶이를 받을 수 있었죠. 이곳의 컵 떡볶이는 제 인생 최초의
'맵고 맛있는' 떡볶이였습니다. 제가 그동안 먹은 떡볶이는 엄마가
만들어준 간장 양념의 조금은 밍밍한 떡볶이였거든요. 그 맵고 황홀한
맛에 빠진 저는 떡볶이라면 사족을 못 쓰는 어린이가 됩니다. 하지만
컵 떡볶이는 제가 돈을 주고 사 먹기엔 비쌌어요. 당시 컵 떡볶이가
50원이었고 제 용돈이 100원이었으니 떡볶이는 용돈의 반을 털어야
먹을 수 있는 음식이었죠. 그래서 제집 드나들듯 열심히 슈퍼마켓에
다니며 뽑기를 했습니다. 순전히 떡볶이를 먹을 요량으로 말이죠.

저의 유년 시절의 상당 부분은 아버지께서 운영하시던 상도동 약국과
연결되어 있습니다. 당시 아버지 약국 앞에도 떡볶이를 파는 리어카가
있었습니다. 저는 그 집 떡볶이를 사 먹으며 떡볶이 만드는 법에 대해
눈뜨게 됩니다. 리어카에서 대용량으로 떡볶이를 만들 때에는 정해진
순서에 따라 재료를 넣는 게 중요했어요. 설탕을 넣고 물을 부은 다음
물엿이나 엿을 녹여 기본 국물을 만들었고 여기에 고추장을 풀고
고춧가루를 더했습니다. 그러고 나서 떡과 오뎅을 넣었지요. 재료를
고루 섞은 후 불 위에서 오랫동안 뭉근히 끓이는 떡볶이는 진짜 최고의
맛이었습니다.

상상이 가시나요? 그 어린 나이의 홍신애가 리어카 앞에서 떡볶이 사장님의 비법을 매의 눈으로 훑어보던 모습을요. 저는 무려 1년 동안 그 리어카 앞에 서서 떡볶이를 사 먹으며 모든 과정을 꼼꼼히 지켜보았고 집에 돌아와선 남몰래 떡볶이를 만들어보고는 했습니다. 아마 그때 평생 요리를 하며 살아야 할 운명의 첫 단추를 끼웠던 것 같습니다.

떡볶이 리즈 시절 10대, 학교 앞 떡볶이를 섭렵하다

중고등학교 시절에는 떡볶이 원정에 나섭니다. 맛있는 떡볶이를 먹기 위해서라면 먼 길도 마다하지 않았죠. 그때는 어느 동네, 어느 집 떡볶이가 맛있다는 정보를 훤히 꿰고 있었습니다. 남의 학교 앞에 있는 떡볶이집이라도 상관하지 않고 찾아갔습니다.

당시 제가 좋아하던 곳은 상도동 성대시장 떡볶이 리어카였습니다. 하교할 때 버스를 타고 가다가 집 앞 두 정거장 전에 내려 찾아가곤 했습니다. 플라스틱 접시에 비닐봉지를 씌워 떡볶이를 담아주던 아주머니께 저는 오뎅 세 개만 더 넣어달라며 늘 염치없는 부탁을 드리곤 했지요. 이곳의 떡볶이에서는 어린 시절 리어카에서 맛보았던 그 떡볶이 맛이 났습니다. 기본적이면서도 단순한, 그러나 도저히 잊을 수 없는 그 맛난 떡볶이 말입니다.

집에서는 제가 리어카에서 떡볶이를 사 먹고 다니는 것을 좋아하지 않으셨어요. 믿을 수 없는 길거리 음식을 사 먹는다고 생각하셨는지 어느 날 어머니께서는 길거리 떡볶이 금지령을 내리고 직접 떡볶이를 만들어 주기 시작하셨습니다. 하지만 매콤하면서도 달콤한 떡볶이의 참맛을 알아버린 제 눈에 그건 떡볶이가 아니었어요. 어머니께서는 옛날 궁중에서도 즐겨 먹었다는, 소고기와 간장으로 만든 궁중 떡볶이를 내오시며 훨씬 맛있다고 강조해서 말씀하셨지만 저는 고개를 저었습니다. 떡볶이는 빨간 고추장 양념으로 해야 진짜 떡볶이라고 생각한 거죠.

어머니를 설득하지 못한 저는 직접 고추장 떡볶이를 만들어 먹기에 이릅니다. 리어카에서 먹어본 떡볶이 맛을 내기 위해 제가 할 수 있는 모든 방법을 동원했습니다. 심지어 아버지께서 선물로 받아오신 미제 과일 잼이나 환타를 넣어보기도 했죠. 실험 정신이 무척 강한 시절이었습니다. 하지만 아무리 해도 그 맛이 나질 않았습니다. 제가 관찰한 바에 따르면 그분들은 떡볶이를 만들 때 그 어떤 조미료도 넣지 않았어요. 그런데도 감칠맛이 끝내줬죠.

오랜 시간 고심한 끝에 저는 드디어 그 비법을 발견하게 됩니다. 바로 육수였죠. 며칠씩 오래도록 끓인 오뎅 국물이 바로 떡볶이 맛의 비결이었던 거죠. 이 오뎅 국물은 집에서 쉽게 만들 수 없었습니다. 결국 저는 육수를 구하러 다닙니다. 집 앞 슈퍼마켓에 냄비를 들고 가 오뎅 국물을 받아왔죠. 설탕과 고추장, 오뎅 국물을 넣고 끓인 떡볶이에서 드디어 제가 원하던 맛이 나왔습니다. 그때는 정말 세상을 다 가진 것 같은 기분이었죠.

중고등학교 시절에는 반포상가, 거목상가의 떡볶이집을 많이 찾았습니다. 즉석 떡볶이를 영접하게 된 것도 바로 그때였어요. 반포 애플하우스의 즉석 떡볶이는 제게 떡볶이의 신세계를 열어주었습니다. 즉석 떡볶이를 먹을 때에는 '사리'를 함께 넣어 먹어야 한다는 사실! 저는 주로 떡에 집중하는 스타일이었지만 달걀과 함께 먹는 떡볶이도

정말 좋아했지요. 떡볶이 국물에 달걀흰자와 노른자를 적셔 먹는 맛은
최고라 할 수 있었죠. 거기에 비빔 만두도 즐겨 먹곤 했습니다.
이 애플하우스 떡볶이는 기억하는 분들이 많을 거예요.

당시 경기여고 앞에 있던 '우리들'이라는 떡볶이집도 생각납니다.
지금도 영업을 하는지 모르겠으나 당시 저는 이곳의 짜장 떡볶이를
맛보고 충격에 빠집니다. '세상에 이렇게 맛있는 떡볶이가 있다니…'
기의 매일 찾아가 짜장 떡볶이를 먹었습니다. 1인분에 2000원이었는데,
갈 때마다 한 냄비씩 해치우고 돌아섰습니다.

고속터미널 지하상가의 떡볶이집도 기억에 많이 남습니다. 당시
고속터미널 지하상가에서는 음식 조리가 가능했고 카레나 우동, 떡볶이
등을 파는 가게가 많았습니다. 이곳에서는 부산식으로 조리한 빨갛고
매운 떡볶이를 만날 수 있었습니다. 충격적으로 맵고 빨갛던 그 떡볶이
맛이 잊히지 않네요. 저는 곧 중독성 강한 이 매운맛도 이해할 수 있게
됩니다.

돌이켜보니 저의 10대는 떡볶이와 함께한 시절이었습니다. 당시
또래들 사이에서 인기 있는 오빠가 있었는데, 이 오빠를 좋아하는 소녀
네 명이 떡볶이집에 모여 수다 삼매경에 빠지기도 했어요. 좋아하는
오빠를 핑계로 떡볶이 회합을 한 거죠. 맛있는 떡볶이집 순례를
하며 이야기꽃을 피우던 그 시절을 떠올리면 입가에 미소가 저절로
지어집니다. 지금으로 치면 아이돌 덕질 같은 거겠죠? 떡볶이와 함께한
그 시절이 아련하네요.

저는 고등학교에 진학하면서 바이올린을 시작합니다. 클래식 세계에
입문한 것이죠. 좋아하던 바이올리니스트의 공연을 보기 위해

세종문화회관을 혼자 찾기도 했습니다. 어느 날 세종문화회관에서
바이올린 활을 잃어버리고 상심한 마음을 달래기 위해 근처 떡볶이집을
찾았던 기억이 납니다. 그날은 떡볶이와 비빔밥, 쫄면, 튀김 등 상다리가
휘어지게 먹었던 것 같아요. 이렇게 기쁠 때는 물론이고 슬플 때도 저와
함께한 떡볶이는 제게 위로의 음식이기도 했습니다.

K-떡볶이의 원조 20대 홍신애,
떡을 직접 만들다!

저는 20대를 미국에서 보냈습니다. 음악을 전공하던 중 스물두 살에
남편을 만나 미국으로 건너가 결혼을 감행하죠. 저희는 뉴저지 중부
지역에서 살았습니다.

음악인의 삶 대신 가정주부를 택했으니 주어진 한계 안에서 열심히
제 생활을 꾸려 나갔어요. 요리하는 것을 워낙 좋아했으니 이것저것
요리를 만들어 블로그에 올렸고 블로그가 입소문이 나면서 유명세를
타기 시작했습니다. 사람들이 우리 집에 구경을 올 정도였으니까요.
지금 생각하면 저는 원조 파워 블로거였습니다.

그 당시 요리할 때 한 가지 아쉬웠던 점은 원하는 한국 식재료를 마음껏
구할 수 없다는 것이었습니다. 제가 살던 곳은 뉴저지 시골 마을이라
한국 마켓이 없었습니다. 웬만한 요리는 미국에서 파는 대체품으로
해결이 됐는데, 아무리 해도 떡볶이떡은 대체할 수가 없더라고요.

떡볶이 향수병에 걸린 저는 직접 떡볶이떡을 만들기로 결심합니다.
처음엔 쌀을 불려 빻아 사용했는데 처참하게 실패하죠. 찹쌀로
해야 하나 싶어 다시 찹쌀을 불려 빻았습니다. 떡이 만들어지긴

했는데 떡볶이떡은 아니었습니다. 다시 도전했어요. 이번에는 밥을
먼저 지었습니다. 그 밥을 절구에 넣고 찧은 후 기름을 묻혀 손으로
조물조물하다 보니 조랭이떡이 완성되더라고요. 이 떡으로 떡볶이를
만들었더니 비슷한 느낌이 나기 시작했습니다. 더욱 열심히 도전한
저는 드디어 처음부터 끝까지 제 손으로 직접 만든 한국식 떡볶이를
탄생시킵니다. 동네에서 큰 화제가 되었지요. 직접 떡볶이를 만들어
먹는 여자라고요. K-떡볶이의 원조는 바로 저, 홍신애가 아닐까요?

그 후부터 고추장 떡볶이뿐만 아니라 간장 떡볶이 등 다양한 떡볶이
메뉴에 도전했습니다. 정식으로 한국의 떡 만들기를 배우기도 했습니다.
미국에서 결혼과 함께 시작된 저의 20대는 이렇게 떡볶이를 기반으로
채워지고 있었습니다.

일에 미쳐 있던 30대,
떡오순 할머니를 만나다

30대 초반에 다시 한국으로 돌아왔습니다. 아이가 많이 아팠는데
미국에서는 아이를 치료할 여력이 없었습니다. 애 둘을 데리고
도망치듯 한국으로 나왔죠. 혼자서 한국에 와 아이 둘을 건사하며 사는
삶이 무척 고단했습니다. 남편이 있는 미국으로 가고 싶어 마음의 병이
걸리기도 했죠.

그 시절 저는 굉장히 바쁘게 살았습니다. 매해 책을 출간할
정도였으니까요. 선릉역 근처에 작은 사무실을 열었는데, 당시 떡오순
할머니 떡볶이가 유명했습니다. 그때는 지금 같은 배달 개념이 없을
때인데도, 사무실에서 늦게까지 야근할 때면 떡오순 할머니 떡볶이를
배달해 먹을 수 있었습니다. 할머니께서는 고추장 없이 고춧가루만

써서 떡볶이를 만드셨는데, 그 맛이 정말 깔끔했습니다. 비싼
고춧가루를 사용해 시원한 떡볶이 맛을 내는 것으로 유명했습니다.
저는 지금까지도 이곳 할머니와 연락을 하며 지냅니다. 지금은
아드님이 식당을 이어받아 운영하고 있지요.

책을 여덟 권 출간했는데, 거의 모든 책에 떡볶이 메뉴를 넣었을 만큼
떡볶이를 좋아했습니다. 열정적으로 일하고 열정적으로 떡볶이를 먹던
30대였습니다. 하지만 그렇게 떡볶이를 좋아했음에도 기억에 남는
떡볶이집이 단 한 군데밖에 떠오르지 않는다는 것을 보면 30대에는
떡볶이를 그만큼 즐기지 못했나 봅니다. 돌이켜보면 일만 많이 하고
살았던 정말 힘든 시기였어요.

40대 홍신애,
드디어 떡볶이로 요리책을 내다!!

TV 프로그램 '수요미식회' 출연은 제 떡볶이 인생에 많은 변화를
가져다주었습니다. 맛있는 음식으로 소문난 식당을 찾아 전국을
돌아다녔는데 이때부터 다양한 떡볶이의 세계를 경험하게 된 것이지요.
유명 식당을 방문한 다음에는 주변의 떡볶이 맛집을 찾아내 시식하는
것도 잊지 않았습니다. 신기하게도 어느 곳이든 항상 그 지역만의
독보적인 떡볶이 맛집이 존재하거든요.

그렇게 맛본 떡볶이는 집에 돌아와 꼭 한번 만들어보고 또 양념을
분석하기도 했습니다. 저만의 방식으로 재해석하는 거죠. 그렇게
공부하고 만든 떡볶이 레시피가 무려 100여 개에 이르렀습니다.
이 책을 쓰면서 떡볶이 메뉴를 하나하나 정하는데 그렇게 신날 수가
없었습니다. 머릿속에 온통 떡볶이밖에 없으니 그것을 책으로 풀어내는

건 그리 어려운 일이 아니었으니까요.

이쯤 되면 홍신애가 왜 떡볶이 책을 내게 되었는지 감이 오시지요? 제
인생에서 없어서는 안 될 소울 푸드, 제 인생의 기쁨과 슬픔을 함께한
오랜 친구 같은 음식입니다.

지금 제가 운영하는 식당 '솔트'에는 떡볶이 메뉴가 없습니다. 하지만
단골손님들은 떡볶이를 찾습니다. 제가 떡볶이 애호가인 것을 아시는
거죠. 저의 40년 인생 단짝 떡볶이를 마음껏 즐겨주세요.

나의 인생 떡볶이집 베스트 3

---

❶   근대화 근 슈퍼마켓
어린 시절 함께한, 나의 떡볶이 인생을 열어준 곳입니다. 당시에는 엄청 커
보이던 종이컵에 떡볶이가 한가득 담겨 있었습니다. 종이컵 끝까지 털어 먹을
기세로 이곳 떡볶이를 사랑했죠.

❷   부산 깡통시장 떡볶이
부산에 갈 때마다 찾는 곳입니다. 얼얼한 매운맛이 묘한 중독성을 갖고 있습니다.
이곳이 더 의미 있는 이유는, 함께 갔던 사람들과의 좋은 추억 때문입니다.
이곳에서 아끼는 사람들과 떡볶이를 함께 먹으며 소중한 추억을 쌓았거든요.

❸   영동시장 맛짱 떡볶이
일이 힘들거나 마음이 복잡하면 찾아가는 곳입니다. 이유는 잘 모르겠어요.
늦게까지 힘들게 일하고 난 후 이곳에 가면 시끌벅적한 주변 분위기에 저도
모르게 위로를 받습니다. 일반 가게에서 파는 평범한 고추장 떡볶이인데도
그 특유의 맛과 분위기가 저를 끌어당기죠.

○ CONTENTS

모두의 떡볶이를 읽는 법   모두의 떡볶이 읽는 방법을 알려드릴게요.

요리의 제목이에요. 맨 뒤 인덱스를 보시면 ㄱ~ㅎ 순으로 쉽게 찾아볼 수 있어요.

로제 소스
떡볶이

저희 아이들이 어릴 때 많이 해주던 떡볶이입니다. 토마토에 생크림을 넣고 만드는데, 살짝 면분들을 더하고 우리 아이들은 이 떡볶이를 두고 '핑크 떡볶이'라고 불렀습니다. 아이들이 자세히 "엄마, 핑크 떡볶이 해주세요"라고 말하는 사랑스러운 표정이 생각나네요. 이렇게 모제 소스 떡볶이는 아이들이 정말 좋아합니다. 저는 어느 집 아이가 와도 로제 소스 떡볶이로 다 꼬실 수 있다고 믿습니다. 퍼포먼스를 하기에도 좋아요. 토마토를 으깨고 생크림을 넣는 방법을 보여주며 직접 해보라고 하면 신이 나서 따라 합니다.

새우는 미리 넣고 볶은 해두었다 사용하세요. 빨간의 윤택은 주인공을 돋보이게 하는 것입니다. 주인공이 되는 주재료를 먼저에 사용하면 주인공이 훨씬 빛납니다.

떡볶이에 얽힌 재미난 일화를 소개하는 홍신애 선생님의 에세이입니다. 이 책에 등장하는 떡볶이들을 더 맛있고 사랑스럽게 만날 수 있어요.

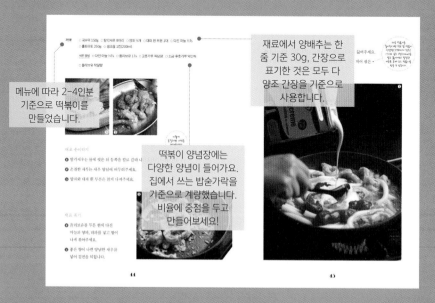

재료에서 양배추는 한 줌 기준 30g, 간장으로 표기한 것은 모두 다 양조 간장을 기준으로 사용합니다.

메뉴에 따라 2-4인분 기준으로 떡볶이를 만들었습니다.

떡볶이 양념장에는 다양한 양념이 들어가요. 집에서 쓰는 밥숟가락을 기준으로 계량했습니다. 비율에 중점을 두고 만들어보세요!

사진을 보며 요리를 쉽게 따라
할 수 있게 번호를 넣었어요.
각 사진 순서에 따라 레시피를
참고해주세요.

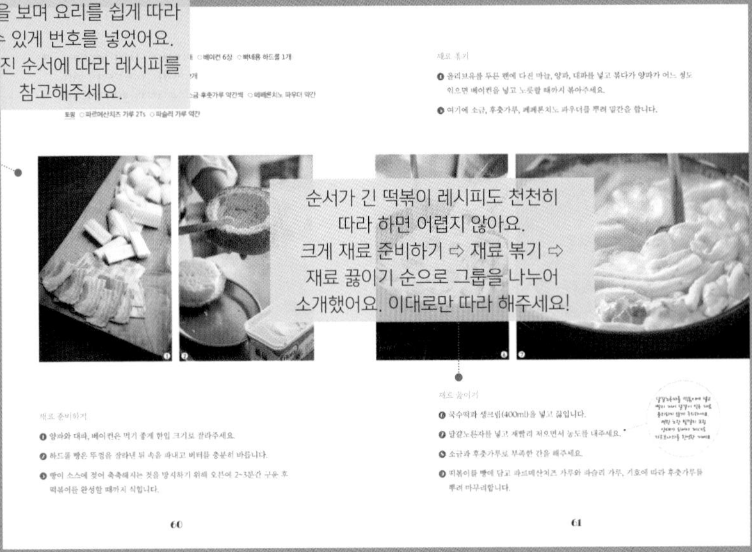

재료 | ○베이컨 6장 ○빠네용 하드롤 1개

○ ○파르메산치즈 가루 2Ts ○마늘가루 약간

재료 볶기

❶ 올리브유를 두른 팬에 다진 마늘, 양파, 대파를 넣고 볶다가 양파가 어느 정도 익으면 베이컨을 넣고 노릇할 때까지 볶아주세요.

❷ 여기에 소금, 후춧가루, 페페론치노, 파우더를 뿌려 달군을 합니다.

순서가 긴 떡볶이 레시피도 천천히
따라 하면 어렵지 않아요.
크게 재료 준비하기 ⇨ 재료 볶기 ⇨
재료 끓이기 순으로 그룹을 나누어
소개했어요. 이대로만 따라 해주세요!

재료 준비하기

❶ 양파와 대파, 베이컨은 먹기 좋게 한입 크기로 잘라주세요.

❷ 하드롤 빵은 두껍게 잘라서 뒤 측을 살짝 버터를 충분히 바릅니다.

❸ 빵이 소스에 젖어 축축해지는 것을 방지하기 위해 오븐에 2~3분간 구운 후 떡볶이를 완성할 때에 식힙니다.

재료 끓이기

❶ 국수에 물과 생크림(400ml)을 넣고 끓입니다.

❷ 달걀노른자와 넣고 채썰고 저어면서 농도를 내주세요.

❸ 소금과 후춧가루로 부족한 간을 해주세요.

❹ 취향이 맞는 빵에 담고 파르메산치즈 가루와 파슬리 가루, 기호에 따라 후춧가루를 뿌려 마무리합니다.

60   61

재료 | ○국수미 200g ○칼국새우 8마리 ○두부 1/2 ○양파 1/2 ○마늘 4쪽 ○노랑 주황 빨강
파프리카 1/2개씩 ○육수내물 1장(80g) ○물불 3조 ○달걀 2개 ○노물 육수 1컵(200ml)

밑간 | ○올리브유 적당량 ○소금 후춧가루 약간씩

소스 | ○화학간 소스 4Ts ○맛간 2Ts ○멸치 소스 2Ts ○설탕 2Ts ○설탕 3Ts
○고춧가루 1Ts ○다진 단무지 1Ts ○다진 마늘 1Ts ○생강즙 1Ts

두부 | ○밀풍 1봉(70g)

재료 준비하기

❶ 칼국새우는 물에 씻은 뒤 등속을 칼로 길쭉하게 새 칼과 나� 모양으로 만들어줍니다.

❷ 두부는 한입에 먹기 좋게 정사각형으로 썰어주세요.

❸ 양파는 채 썰고 마늘은 편으로 썰고 파프리카는 씨와 꼭지를 제거하고 굵게 채 썹니다.

❹ 숙주나물은 깨끗이 씻어 물기를 빼고 축축하는 김치를 잘라서 넣어주세요.

❺ 달걀은 풀어서 소금, 후춧가루로 간해주세요.

재료 볶기

❷ 올리브유를 두른 팬에 두부를 넣고 바싹 익힌 뒤 꺼내주세요.

❸ 다시 올리브유를 두르고 새우살을 살짝 볶아 꺼냅니다.

❹ 두부와 새우를 꺼낸 팬에 올리브유를 두르고 마늘과 양파를 넣고 향을 낸 뒤 준비한 채소를 한번에 넣어 충분히 볶습니다.

레시피를 따라 할 때
주의할 점, 보관법에 대한
내용을 알려드려요.

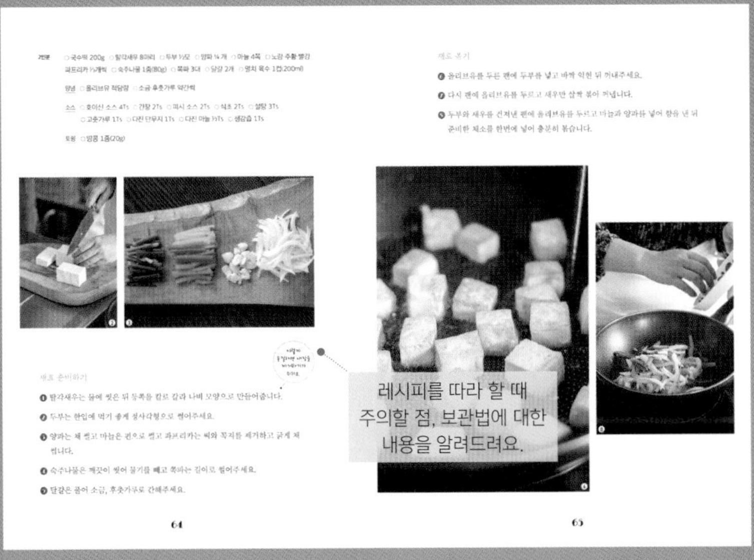

64   65

19

PART 1

홍신애의 기본 떡볶이

일상에서 흔히 접하고 자주 먹는 기본 떡볶이를
모았습니다. 어쩌면 우리가 인생 최초로
맛보았던 떡볶이가 이 기본 떡볶이 아닐까요?
이번 파트에서는 어렸을 때 자주 먹던 학교 앞
떡볶이부터 국물 떡볶이, 라볶이, 치즈 떡볶이까지
소개합니다. 떡볶이 만들 때 반드시 알아야 할 기본
개념과 필요한 재료도 함께 실었어요. 레시피를 잘
익혀두면 언제 어디서든 맛있는
떡볶이를 만들 수 있을 거예요.

홍신애가 생각하는
맛있는 떡볶이의 기준

맛있는 떡볶이의 첫째 조건은 밸런스입니다. 떡과 양념이 잘
어우러져야 하죠. 너무 묽지도 너무 뻑뻑하지도 않은 적당한 국물 농도,
여기에 알맞게 잘 익은 떡볶이떡의 조화가 맛을 좌우합니다. 저는
부재료가 이것저것 많이 들어간 것보다 국물과 떡의 밸런스가 좋은
떡볶이가 최고라고 생각합니다. 너무 맵거나 너무 달아서도
안 되겠지요.

육수도 중요합니다. 떡볶이의 감칠맛을 끌어올리는 최고의 방법은
맛있는 육수를 사용하는 것이에요. 정말 좋은 재료를 써서 떡볶이를
만들었는데 원하는 맛이 나오지 않는다? 그럼 육수를 살펴보세요.
맛있는 떡볶이집의 비결은 오랫동안 뭉근히 끓인 오뎅 국물을 육수로
쓰는 것입니다.

집에서는 이런 육수를 내기가 쉽지 않습니다. 며칠씩 육수를 끓일 수는
없으니까요. 이럴 때는 남아 있는 채소를 이용해보세요. 각종 채소를
듬뿍 넣고 채수를 만들어 육수로 사용하면 조미료를 넣지 않아도
맛있는 떡볶이를 만들 수 있습니다.

떡

떡은 기호에 맞게 선택합니다. 저는 쌀로 만든 떡을 좋아합니다. 쌀떡은 밀떡에 비해 양념과 잘 어우러집니다. 달착지근한 양념이 쌀떡에 쏙쏙 배어드는 느낌이랄까요? 밀떡의 쫄깃한 식감을 좋아하는 분들은 밀떡을 써도 됩니다. 떡의 두께도 떡볶이 맛에 영향을 줍니다. 가래떡은 두께감부터가 다르죠. 저는 쌀 가래떡으로 만든 떡볶이를 좋아합니다. 두껍게 썰어도, 얇게 썰어도 되는데, 두툼한 가래떡의 쫄깃한 식감이 혀에 착 붙는 맛을 선사합니다. 가래떡은 부재료를 많이 넣거나 국물 떡볶이를 만들 때 사용하면 좋습니다. 책 레시피 속 떡볶이떡은 쌀떡 혹은 밀떡으로 취향껏 쓰시면 됩니다.

오뎅

이 책에서는 '어묵' 대신 '오뎅'이라고 표현했습니다. 어쩐지 어묵이라고 하면 그 맛이 안 나는 것 같아서요. 오뎅은 부산 사각 어묵을 기본으로 사용했습니다. 하지만 좋아하는 오뎅이 있다면 모양과 상관없이 원하는 것을 쓰면 됩니다. 어떤 오뎅이라도 환영입니다.

고추장

마트에서 파는 고추장 중에서 유통 기한이 임박한 제품을 사세요. 고추장은 발효 식품이기 때문에 시간이 지날수록 맛이 더 좋아집니다. 고추장 종류가 무척 다양해 보이지만 맛은 크게 다르지 않습니다. 어떤 제품을 사도 좋습니다.

대파

시원한 맛을 내는 동시에 신맛의
밸런스를 잡아주는 중요한 재료입니다.
대파를 마늘과 함께 기름에 볶으면
효과가 배가됩니다. 이때는 대파의 흰
부분만 사용하세요. 파란색 줄기를
사용하면 신맛이 많이 나기 때문에
충분히 더 오랫동안 볶아야 합니다.

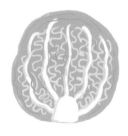

양배추

양배추가 들어가면 단맛과 함께 감칠맛이
더해집니다. 레시피에서 고기는 없어도
양배추가 빠져서는 안 될 때가 더 많습니다.
그만큼 떡볶이에서 양배추가 중요하다는
의미입니다. 양배추의 단맛을 충분히 뽑아
소스에 배어들게 하세요.

설탕

백설탕을 기준으로 합니다. 유기농 설탕이나 자일로스
설탕, 대체 가능한 당이 있으면 써도 됩니다. 하지만
꿀이나 액상 제품은 사용하지 마세요. 분말 형태의
설탕을 쓰실 것을 권합니다. 떡볶이집에서 물엿을
사용하는 이유는 오래 끓여도, 국물이 졸아들어도 밝은
빛깔을 살리기 위해서예요. 집에서 떡볶이를 만들 때는
굳이 사용하지 않아도 됩니다.

간장

떡볶이 감칠맛의 주재료이기 때문에 꼭 들어가야
합니다. 간장을 넣으면 설탕을 조금 써도 되지요
기본적으로는 곡물을 넣어 발효시킨 양조 간장이나
전통식 조선간장을 활용하세요. 책 레시피 속 간장은
양조 간장을 기본으로 합니다.

마늘

다져서 양념장에 넣으면 모든 재료를 아우르는 기본 양념 역할을 하죠. 볶아서 사용할 때는 단맛과 신맛을 뽑는 용도로 씁니다. 홍신애표 떡볶이는 기본적으로 대파와 양배추, 마늘을 먼저 볶아서 사용합니다.

고춧가루

필수 떡볶이 재료입니다. 고춧가루는 신선 식품이기에 냉동실이나 냉장실에 보관하는 것이 원칙입니다. 실온에서 유통되는 것을 사면 고춧가루 향이 다 날아가 맛 내기가 쉽지 않습니다. 고춧가루의 신선하고 달콤한 향이 떡볶이 맛을 좌우한다는 것을 잊지 마세요. 집 근처 방앗간에서 직접 빻아 사용하면 제일 좋습니다. 그게 힘들다면 가장 최근 제조한 제품을 사고 최대한 빨리 소비하세요. 신선한 고춧가루의 냄새를 맡아보면 그 향이 얼마나 좋은지 아실 거예요.

양념장 섞는 공식

설탕을 녹이는 것으로 시작해 기름을 넣는 것으로 끝납니다. 여러 가지 양념 재료가 있으면 설탕과 액체 재료를 섞어 설탕을 먼저 녹이는 것이 포인트입니다. 기름이 필요하면 맨 마지막 과정에서 넣습니다.

유장을 쓰는 이유

떡볶이는 떡에 밑간을 해서 만들면 더 맛있습니다. 저는 떡볶이떡의 맛을 살리기 위해 가능하면 유장을 사용해 밑간을 합니다. 떡 자체에 맛이 배어들면 다른 재료의 맛도 살아납니다. 밑간 여부에 따라 맛의 차이가 크니 가능하면 유장으로 밑간을 하라고 권합니다.

떡볶이
기본 육수 만드는 법

떡볶이에 맛있는 육수만 있어도 기본 이상의 맛을 낸다는 사실!! 비법은 양파와 무 그리고 좋은 멸치에 있어요. 좋은 멸치는 비늘의 반짝임이 살아 있고 냄새가 시원한 것을 고르세요. 비릿한 냄새나 검게 변한 멸치는 피해주세요. 양파와 무가 맛있을 땐 그냥 넣어도 괜찮지만 맛이 없는 계절에는 가스불에 직화로 표면을 태우듯이 구운 후 넣으면 훨씬 더 깊은 감칠맛의 육수를 만들 수 있답니다. 저의 오랜 육수 내기 노하우예요!!

물 2L 기준 ○마른 멸치 80g ○양파 100g ○무 150g
○다시마 10×10cm 1장 ○물 2L

멸치를 볶으면
더 고소해요.

❶ 마른 멸치는 내장을 제거해 한번 볶아주세요.

❷ 양파와 무는 큼직하게 썰어 직화로 태우듯이 구워주세요.

❸ 물(2L)에 마른 멸치와 다시마, 양파, 무를 넣고 30분간 끓이면 완성입니다.

체에 걸러
냉장고에 넣고
사용하세요. 찌개도
끓이고 각종 요리에
물 대신 사용하면
감칠맛이 열 배!

27

—— 학교 앞 떡볶이 ——

어린 시절부터 먹어온 학교 앞 떡볶이는
제 기억에서 떡볶이 맛의 기본으로 자리
잡았습니다. 들어간 재료는 떡과 오뎅뿐,
조금 여유가 있는 집이라면 거기에 대파
정도인데 왜 그 평범하면서도 매콤달콤한
맛을 오래도록 잊을 수가 없을까요?
기본 중의 기본을 지킨 학교 앞 떡볶이를
소개합니다.

2인분 ○ 떡볶이떡 150g ○ 오뎅 50g
　　　 ○ 양파 ¼개 ○ 양배추 30g ○ 쪽파 약간
　　　 ○ 멸치 육수 2컵(400ml)

양념장 ○ 설탕 2Ts ○ 간장 1Ts
　　　　○ 고추장 3Ts ○ 고춧가루 1Ts
　　　　○ 다진 마늘 1Ts

29

❶ 양념장 재료는 미리 섞어두세요.

❷ 오뎅은 먹기 좋게 썰고 양파는 채 썰고 양배추는 2cm 두께로 썹니다.

❸ 멸치 육수(400ml)에 양념장을 풀고 보글보글 끓여줍니다.

❹ 떡과 오뎅, 준비한 채소를 넣고 끓이는데 숟가락으로 국물을 끼얹으며 끓여야 떡에 양념이 잘 배어듭니다.

❺ 잘 익은 떡볶이는 그릇에 담고 기호에 따라 쪽파나 대파를 올려줍니다.

─── 국물 떡볶이 ───

학교 앞 떡볶이와 같은 방법으로 만드는데 고추장과
고춧가루의 비율이 달라요. 고추장 1Ts에 고춧가루 3Ts을 섞고
육수를 600ml로 늘려줍니다. 이렇게 하면 칼칼하고
알싸한 맛의 국물 떡볶이를 만들 수 있어요.

2인분   ○ 떡볶이떡 200g   ○ 오뎅 100g   ○ 양파 ¼개   ○ 양배추 30g   ○ 쪽파 약간
○ 멸치 육수 3컵(600ml)

양념장   ○ 설탕 2Ts   ○ 간장 1Ts   ○ 고추장 1Ts   ○ 고춧가루 3Ts   ○ 다진 마늘 1Ts

❶ 고춧가루에 뜨거운 물 3Ts을 넣고 고춧가루가 분도록
   둡니다. 설탕과 간장을 섞어 설탕을 녹인 후 불어난
   고춧가루와 나머지 양념장 재료를 넣고 섞어두세요.

❷ 오뎅은 먹기 좋게 썰고 양파는 채 썰고 양배추는 2cm
   두께로 썹니다.

❸ 멸치 육수(600ml)에 양념장을 풀고 보글보글 끓여줍니다.

❹ 국물이 팔팔 끓을 때 떡과 오뎅, 준비한 채소를 넣고
   끓여주세요.

❺ 그릇에 떡과 국물을 넉넉히 담아 맛있게 먹으면 됩니다.
   여기에 라면과 쫄면, 만두 등 다양한 사리를 추가해보세요.

치 즈 떡볶이

쭉쭉 늘어나는 치즈는 남녀노소 누구나 좋아하는 떡볶이 재료이지요!
기본 학교 앞 떡볶이에 치즈를 올리면 쉽게 만들 수 있는데
치즈를 듬뿍 넣어야 아무래도 더 맛있겠죠? 풍성한 치즈에
어울릴 수 있도록 양념 양을 조금 조절해보았어요.

2인분   ○ 떡볶이떡 150g ○ 오뎅 50g ○ 양파 ¼개 ○ 양배추 30g ○ 쪽파 약간
         ○ 멸치 육수 2컵(400ml)
         ○ 모차렐라치즈 1컵 ○ 파슬리 가루 약간

         양념장 ○ 설탕 1½Ts ○ 간장 1½Ts ○ 고추장 3½Ts ○ 고춧가루 1Ts ○ 다진 마늘 1Ts

❶ 양념장 재료는 미리 섞어두세요.

❷ 오뎅은 먹기 좋게 썰고 양파는 채 썰고 양배추는 2cm 두께로 썹니다.

❸ 멸치 육수(400ml)에 양념장을 풀고 보글보글 끓여줍니다.

❹ 떡과 오뎅, 준비한 채소를 넣고 끓이는데 숟가락으로 국물을
끼얹어가며 끓여야 떡에 양념이 잘 배어듭니다.

❺ 떡이 다 익으면 모차렐라치즈를 얹고 녹을 때까지 뚜껑을 덮어줍니다.

❻ 파슬리 가루를 뿌려 마무리해주세요!

PART 2

브런치용 간단 떡볶이

브런치 하면 뭔가 세련된 음식이라는 기분이 듭니다. 이 파트에서는 브런치로 응용 가능한 떡볶이 요리를 소개했어요. '떡볶이가 이렇게도 변신할 수 있구나' 놀랄 수 있습니다. 친구들 모임에서 혹은 집에서 가벼운 파티를 즐길 때 시도해보세요. 손님들의 시선을 사로잡는 동시에, 맛도 훌륭해 인기를 끌기에 좋은 레시피입니다.

로제 소스
떡볶이

저희 아이들이 어렸을 때 많이 해주던 떡볶이입니다.
토마토에 생크림을 넣고 만드는데, 살짝 연분홍빛을
띠죠. 우리 아이들은 이 떡볶이를 두고 '핑크
떡볶이'라고 불렀습니다. 아이들이 저에게 "엄마, 핑크
떡볶이 해주세요"라고 말하는 사랑스러운 표정이
생각나네요. 이렇게 로제 소스 떡볶이는 아이들이
정말 좋아합니다. 저는 어느 집 아이가 와도 로제 소스
떡볶이로 다 꼬실 수 있다고 믿습니다. 퍼포먼스를
하기에도 좋아요. 토마토를 으깨고 생크림을 넣는
방법을 보여주며 직접 해보라고 하면 신이 나서 따라
합니다.

새우는 미리 밑간을 해두었다 사용하세요. 밑간의
원칙은 주인공을 돋보이게 하는 것입니다. 주인공이
되는 주재료를 밑간해 사용하면 주인공이 훨씬
빛납니다.

2인분 ○ 국수떡 150g ○ 탈각새우 8마리 ○ 양파 ¼개 ○ 대파 흰 부분 1대 ○ 다진 마늘 ½Ts
○ 홀토마토 250g ○ 생크림 1컵(200ml)

새우 양념 ○ 다진 마늘 ½Ts ○ 올리브유 1Ts ○ 고춧가루 적당량 ○ 소금·후춧가루 약간씩

○ 올리브유 적당량

이렇게
손질하면 내장을
제거하기가
쉬워요.

재료 준비하기

❶ 탈각새우는 물에 씻은 뒤 등쪽을 칼로 갈라 나비 모양으로 만듭니다.

❷ 손질한 새우는 새우 양념에 버무려주세요.

❸ 양파와 대파 흰 부분은 잘게 다져주세요.

재료 볶기

❹ 올리브유를 두른 팬에 다진
마늘과 양파, 대파를 넣고 향이
나게 볶아주세요.

❺ 좋은 향이 나면 양념한 새우를
넣어 겉면을 익힙니다.

44

재료 끓이기

⑥ 홀토마토와 국수떡을 넣고 토마토를 으깨듯 저으면서 끓여주세요.

⑦ 보글보글 끓기 시작하면 생크림(200ml)을 넣고 고루 저어 섞은 •
뒤 한번 더 끓여 완성합니다.

매운 떡볶이를
좋아한다면 학교 앞 떡볶이
양념장(29페이지 참조)
1T5과 육수 1컵(200ml)을
넣고 끓이세요! 칼칼한
어른용 로제 소스 떡볶이를
만들 수 있습니다.

·── 페스토 크림 떡볶이 ──·

페스토 크림 떡볶이는 제게 한여름 추억의 음식입니다. 아마 우리 아이들에게도
그럴 거예요. 제가 식당을 하니 아이들은 '식당집 아들'로 자라났습니다. 방학이면
저의 식당에서 아르바이트를 했는데, 문 앞에 서서 손님들에게 인사하는 것부터
시켰습니다. 아이들 가슴에는 커다랗게 '홍신애 아들'이라고 이름표를 붙여주었고,
손님들 중에는 몰래 용돈을 쥐어주는 분들도 있었어요. 아이들은 신이 나서 식당에
나왔습니다. 아마 그때부터 식당의 개념을 어렴풋이 깨닫게 되지 않았나 싶어요.
아이들은 성장하면서 설거지와 주방 보조, 홀 서빙 등으로 그 영역을 넓혀 나갔습니다.

한여름에는 바질 줄기에서 이파리를 뜯는 일도 시켰습니다. 바질이 박스째 들어오면
꼼짝 않고 몇 박스씩 바질 잎을 뜯는 거죠. 저는 한 박스당 5000원의 아르바이트
비를 주었어요. 그런데 애들이 머리가 크면서 '5000원은 너무 부당하다'며 인상을
요구하는 게 아니겠어요? 속으로 화들짝 놀랐죠. 그래서 얼마를 원하느냐고 물으니
'7000원!'을 외치는 겁니다. 하하하! 안도했죠.

아이들이 고사리손으로 뜯어낸 바질 잎으로는 페스토를 만들었습니다. 페스토는
만들기 쉬워 보여도 손이 많이 가는 음식입니다. 그래서 처음부터 넉넉히 만들어두면
좋습니다. 바질 페스토는 파스타 만들 때 주로 사용하는데, 떡볶이에도 응용
가능합니다. 바질 페스토와 떡의 궁합이 생각보다 너무 좋아 깜짝 놀라실 거예요!
마지막에 레몬즙 한 방울 떨어뜨리는 것도 잊지 마시고요.

47

2인분　○ 떡볶이떡 200g　○ 양파 ¼개　○ 아스파라거스 5대(80g)　○ 생크림 1컵(200ml)
○ 페스토 소스 3Ts

<u>양념</u>　○ 올리브유 적당량　○ 소금·후춧가루 약간씩

<u>페스토 소스(2인분 기준으로 두 번 만들어 먹을 수 있는 분량)</u>
○ 바질 잎 30g　○ 마늘 4쪽　○ 구운 잣 3Ts　○ 파르메산치즈 가루 30g　○ 올리브유 8Ts
○ 소금·후춧가루 약간씩

<u>토핑</u>
○ 구운 잣 ½Ts　○ 바질 잎 약간

재료 준비하기

❶ 양파와 아스파라거스는 4cm 길이로 썰어주세요.

❷ 페스토 소스 재료는 믹서에 곱게 갈아 준비해주세요.

> 소스를 갈 때
> 청양고추 2개 정도
> 넣으면 매콤한 맛을
> 낼 수 있습니다.

재료 볶기

❺ 팬에 올리브유를 두르고 양파와 아스파라거스를 넣어 볶다가 떡볶이떡을 넣어 잠시 겉을 익힌 뒤 소금간을 합니다.

재료 끓이기

❹ 떡이 말랑해지면 생크림(200ml)을 넣고 준비한 페스토 소스(3Ts)를 넣어줍니다.

❺ 소금, 후춧가루로 간해 끓여주세요.

❻ 어느 정도 농도가 나면 그릇에 담고 구운 잣과 바질 잎을 올린 후 올리브유와 후춧가루를 약간 뿌려 완성합니다. •

마지막에 레몬즙을 한 방울 떨어뜨려 산미를 더하면 더욱 맛있게 먹을 수 있어요.

─── 궁중 떡볶이 ───

저는 부모님 고향이 이북이어서 어렸을 때부터 조랭이떡을 즐겨
먹곤 했습니다. 떡은 오로지 조랭이떡만 있는 줄 알았다가 집 앞
슈퍼마켓에서 미끈하게 잘 빠진 떡볶이떡을 보고 문화적 충격에
빠집니다. 세상에 이런 모양의 떡도 있었나 하면서요. 제 눈에는
그 떡이 희고 먹음직스러운 빵처럼 보였는지도 몰라요. 떡볶이에
매료된 이유 중 하나였죠.

소고기를 넣은 궁중 떡볶이는 어렸을 때 어머니께서 만들어
주시곤 했어요. 이 요리의 포인트는 유장입니다. 유장으로
먼저 떡을 버무려두었다가 떡볶이를 만들면 훨씬 고급스러운
맛이 납니다. 궁중 떡볶이에 조랭이떡을 사용하면 맛도 모양도
그럴듯해 보이니 한번 시도해보세요. 조랭이떡을 구하기
어렵다면 그냥 떡볶이떡을 사용해도 됩니다.

2인분 　○ 조랭이떡 150g ○ 소고기 등심 50g ○ 양파 ¼개 ○ 대파 흰 부분 2대 ○ 청·홍고추 2개씩
　　　　○ 표고버섯 2개 ○ 멸치 육수 1컵(200ml)
　　　　○ 식용유 적당량

　　　　양념장 ○ 간장 4Ts ○ 설탕 4Ts ○ 청주 2Ts ○ 참기름 2Ts ○ 다진 마늘 1Ts
　　　　　　　 ○ 후춧가루 약간

　　　　고명 　　○ 참기름 ○ 검은깨 ○ 참깨

재료 준비하기

❶ 소고기는 6cm 길이로 길게 썹니다.

❷ 양념장을 섞은 뒤 소고기와 조랭이떡에 2Ts을 넣고 버무려주세요.

❸ 양파와 대파도 소고기와 비슷한 크기로 썰고 청·홍고추는 씨와 흰 속살을 제거한
뒤 4cm 길이로 얇게 채 썹니다. 표고버섯은 두껍게 썰어주세요.

재료 끓이기

❹ 식용유를 두른 팬에 양파와 대파, 청·홍고추를 넣어 볶습니다.

❺ 좋은 향이 나면 소고기와 조랭이떡, 멸치 육수(200ml), 양념장, 버섯을 넣어
4~5분간 끓입니다.

❻ 그릇에 담고 참기름을 두른 뒤 검은깨, 참깨를 취향에 맞게 뿌려주세요.

토마토
—— 고추장 소스 ——
떡볶이

토마토 고추장 소스 떡볶이는 친정엄마가 저와 제 아이들을 위해 만들어낸
음식입니다. 어머니께서는 시인이셨지만 시집온 후 큰 살림을 도맡아하셨고,
까다로운 미식가 집안이라 요리에 일가견이 있으셨죠. 어머니께서는 외식하는 걸
좋아하지 않으셔서 집에서 먹는 음식에 공을 많이 들이셨어요.

어머니께서 개발한 이 떡볶이는 제가 어렸을 때부터 좋아하던 고추장 찌개의 변형
레시피입니다. 고추장을 풀고 조개를 넣어 끓이는 엄마표 고추장 찌개는 저의
'최애' 음식 중 하나입니다. 하지만 제 아이들은 이 찌개가 매워 먹을 수가 없었어요.
딸은 좋아하는데 손주들은 먹지 못하자 엄마가 생각해낸 게 토마토를 넣은 고추장
찌개였습니다. 색깔이 비슷하니 보기에도 그럴듯했고, 토마토 덕분에 맛이 한결
부드러워 아이들도 쉽게 먹을 수 있었습니다. 나중에는 국수나 떡을 넣어 응용하게
됐지요. 덜 매운 대신 맛은 훨씬 좋아 곧 우리 가족의 소울 푸드가 되었습니다.

2인분 ○ 떡볶이떡 200g ○ 셀러리 1대 ○ 양배추 30g ○ 오뎅 100g ○ 홀토마토 300g
○ 멸치 육수 2컵(400ml)
○ 올리브유

유장 ○ 간장 1Ts ○ 참기름 1Ts

고추장 소스 ○ 고추장 2Ts ○ 설탕 2Ts ○ 다진 마늘 ½Ts

고명 ○ 다진 파슬리 적당량

재료 준비하기

❶ 떡볶이떡은 유장을 섞어 미리 버무려둡니다.

❷ 고추장 소스를 섞은 뒤 유장에 버무려둔 떡에 넣고 같이 섞어줍니다.

❸ 셀러리는 얇게 어슷하게 썰고 양배추는 두껍게 채 썹니다. 오뎅은 먹기 좋게
썰어주세요.

> 떡은 미리 유장에 버무려두면 훨씬 맛있어요. 강한 맛의 떡볶이보다 연하고 슴슴한 맛의 떡볶이를 만들 때 유장은 필수입니다!

재료 끓이기

❹ 올리브유를 두른 팬에 양배추와 셀러리를 볶습니다.

❺ 양배추의 겉이 노릇하게 변하면 멸치 육수(200ml)를 부어 끓입니다.

❻ 고추장 소스에 버무려둔 떡과 양념, 오뎅을 넣고 남은 멸치 육수(200ml),
홀토마토를 넣어 토마토를 으깨듯이 저어가며 끓입니다.

❼ 다진 파슬리를 뿌려주세요.

> 채소를 볶은 뒤 육수를 넣어 끓이면 시원하고 단맛이 올라와 떡볶이를 한층 더 맛깔스럽게 만들 수 있어요.

> 피자 치즈를 얹어 먹으면 더욱 맛있어요!

56

카르보나라
빠네 떡볶이

미국식으로 변형한 떡볶이 요리입니다. 빠네Pane는 '빵'을 뜻하는 이탈리아어로
서양에서는 빵 속을 파낸 후 그 안에 수프나 스튜를 넣어 먹습니다. 저는 20대를
미국에서 보내면서 빠네 맛에 익숙해졌고, 종종 추억의 음식으로 만들곤 합니다.

카르보나라 빠네 떡볶이는 일명 '탄탄탄' 요리라고 할 수 있는, 탄수화물의
집합체입니다. 다이어트를 하는 분이라면 꺼릴 수도 있겠지만 탄수화물 중독자인
제게는 정말 끝내주는 떡볶이입니다. 특별한 날, 특별한 사람들과 함께할 때
만들어보세요.

2인분 ○국수떡 200g ○양파 ¼개 ○대파 흰 부분 2대 ○베이컨 6장 ○빠네용 하드롤 1개

크림소스 ○생크림 2컵(400ml) ○달걀노른자 2개

양념 ○올리브유 적당량 ○다진 마늘 ½Ts ○소금·후춧가루 약간씩 ○페페론치노 파우더 약간

토핑 ○파르메산치즈 가루 2Ts ○파슬리 가루 약간

재료 준비하기

❶ 양파와 대파, 베이컨은 먹기 좋게 한입 크기로 잘라주세요.

❷ 하드롤 빵은 뚜껑을 잘라낸 뒤 속을 파내고 버터를 충분히 바릅니다.

❸ 빵이 소스에 젖어 축축해지는 것을 방지하기 위해 오븐에 2~3분간 구운 후 떡볶이를 완성할 때까지 식힙니다.

재료 볶기

❹ 올리브유를 두른 팬에 다진 마늘, 양파, 대파를 넣고 볶다가 양파가 어느 정도
   익으면 베이컨을 넣고 노릇할 때까지 볶아주세요.

❺ 여기에 소금, 후춧가루, 페페론치노 파우더를 뿌려 밑간을 합니다.

재료 끓이기

❻ 국수떡과 생크림(400ml)을 넣고 끓입니다.

❼ 달걀노른자를 넣고 재빨리 저으면서 농도를 내주세요. •

❽ 소금과 후춧가루로 부족한 간을 해주세요.

❾ 떡볶이를 빵에 담고 파르메산치즈 가루와 파슬리 가루, 기호에 따라 후춧가루를
   뿌려 마무리합니다.

> 달걀노른자를 떡볶이에 넣고
> 빨리 저어 달걀이 익은 채로
> 뭉치되지 않게 주의하세요.
> 연한 노란 빛깔의 크림
> 상태가 되어야 제대로
> 카르보나라를 완성한 거예요.

떡타이꿍
(팟타이 떡볶이)

요즘 타이 요리를 배우고 있습니다. 새로운 요리를 접하다 보니 기존에 알던 메뉴에
응용하게 되더라고요. 팟타이에 들어가는 쌀국수 대신 떡을 넣으면 어떨까 해서
시도해본 요리입니다.

팟타이 양념 재료를 종류별로 모두 구입하기 어려워 시중에서 판매하는 호이신
소스로 맛을 냈어요. 팟타이 양념을 좋아하는 저에게 떡볶이와 팟타이의 만남은
그야말로 대박이었어요. 엄청 맛있거든요.

이 요리에는 국수떡을 사용하며 포인트는 두부를 튀겨 넣는 거예요. 두부만 신경 써서
잘 튀겨내면 성공합니다. 팟타이에는 순무 피클이 들어가는데 저는 단무지를 다져
넣었어요. 단무지의 단맛, 신맛, 짠맛의 밸런스가 타이 음식과 잘 어울립니다.

2인분 ○국수떡 200g ○탈각새우 8마리 ○두부 ½모 ○양파 ¼ 개 ○마늘 4쪽 ○노랑·주황·빨강
파프리카 ⅓개씩 ○숙주나물 1줌(80g) ○쪽파 3대 ○달걀 2개 ○멸치 육수 1컵(200ml)

양념 ○올리브유 적당량 ○소금·후춧가루 약간씩

소스 ○호이신 소스 4Ts ○간장 2Ts ○피시 소스 2Ts ○식초 2Ts ○설탕 3Ts
○고춧가루 1Ts ○다진 단무지 1Ts ○다진 마늘 ½Ts ○생강즙 1Ts

토핑 ○땅콩 1줌(20g)

이렇게
손질하면 내장을
제거하기가
쉬워요.

재료 준비하기

❶ 탈각새우는 물에 씻은 뒤 등쪽을 칼로 갈라 나비 모양으로 만들어줍니다.

❷ 두부는 한입에 먹기 좋게 정사각형으로 썰어주세요.

❸ 양파는 채 썰고 마늘은 편으로 썰고 파프리카는 씨와 꼭지를 제거하고 굵게 채
썹니다.

❹ 숙주나물은 깨끗이 씻어 물기를 빼고 쪽파는 길이로 썰어주세요.

❺ 달걀은 풀어 소금, 후춧가루로 간해주세요.

재료 볶기

⑥ 올리브유를 두른 팬에 두부를 넣고 바짝 익힌 뒤 꺼내주세요.

⑦ 다시 팬에 올리브유를 두르고 새우만 살짝 볶아 꺼냅니다.

⑧ 두부와 새우를 건져낸 팬에 올리브유를 두르고 마늘과 양파를 넣어 향을 낸 뒤
준비한 채소를 한번에 넣어 충분히 볶습니다.

재료 끓이기

❾ 국수떡과 멸치 육수(200ml)를 넣어 살짝 끓여주세요.

❿ 소스 재료를 고루 섞어 넣고 재료가 어우러지도록 충분히 볶아주세요.

⓫ 튀긴 두부를 넣고 고루 섞어줍니다.

66

그래야 달걀이
익으면서 흩어지지
않고 몽글몽글한
맛이 살아 있어요

달걀 넣기

⑫ 숙주를 넣고 숨이 죽을 때까지 기다린 뒤 잘 풀어진 달걀을 가장자리에
둘러줍니다.

⑬ 달걀이 익으면 전체적으로 한번 더 섞은 뒤 그릇에 담고 땅콩과 쪽파를
올려 마무리합니다.

기호에 따라
참기름을 뿌려도
좋아요.

PART 3

근사한
상차림을 위한
일품 떡볶이

떡볶이라 불러도 되나 싶을 정도로 고급스러운
음식들입니다. 곁들이는 재료도 채끝 등심과 낙지,
돼지고기, 해산물 등을 사용해 요리의
품격을 높였죠. 이 파트에 담긴 요리들은 중요한
손님을 초대할 때, 특별한 날 요리 실력을
선보이고 싶을 때 추천할 만합니다.
만드느라 손이 많이 갈 수 있지만
그만큼 상차림을 빛내줄 요리라고
확신합니다.

채끝 등심
짜파구리 라볶이

짜파구리 만드는 법은 영화 '기생충' 덕에 많이들 알고 있습니다. 이 요리에서
포인트는 스테이크죠. 프라이팬에서 구워도 맛있는 스테이크 만드는 법, 지금
알려드릴게요.

스테이크를 구울 때는 고기 속 온도가 80℃까지 올라가야 맛있습니다. 레어로 구울
때는 60℃ 정도 되어야 하고요. 겉은 바삭하게 잘 익었는데, 안쪽 부분이 차갑다면
그 스테이크는 불합격입니다. 레어를 주문했는데 고기 겉만 익고 속이 생고기인 채로
음식을 내주는 곳이 있다면 절대 피하세요. 고기를 잘 굽는 것도 기술이니까요.

먼저 질 좋은 채끝 등심을 준비하세요. 프라이팬을 잘 달구어 센 불에 앞뒤로 각각
1분, 다시 약한 불에 앞뒤로 각각 1분 동안 구워주세요. 이렇게 구운 고기는 은박지로
잘 감싸 레스팅합니다. 불을 끈 프라이팬에 은박지로 싼 고기를 올려 2~3분 정도
레스팅하면 더욱 맛있는 스테이크를 만들 수 있습니다.

3~4인분　○ 떡국떡 80g　○ 짜파게티 1개　○ 너구리 1개

스테이크　　　○ 스테이크용 채끝 등심 180g　○ 편 마늘 2쪽 분량　○ 올리브유 적당량

　　　　　　　○ 소금·후춧가루 약간씩

짜파구리 양념　○ 고추장 1Ts　○ 고춧가루 ½Ts　○ 올리브유 적당량

스테이크 굽기

❶ 올리브유를 넉넉히 두른 팬에 마늘을 노릇하게 구운 뒤 건져냅니다.

❷ 같은 팬에 채끝 등심을 센 불에 앞뒤로 각각 1분, 다시 약한 불에
앞뒤로 각각 1분 구워주세요.

❸ 다 구운 스테이크는 팬에서 꺼내 은박지에 감싸 레스팅합니다.

짜파구리 만들기

❹ 끓는 물에 짜파게티와 너구리를 동시에 넣고 면을 삶아주세요.

❺ 면이 어느 정도 풀어지면 떡국떡도 같이 넣어주세요.

❻ 삶은 라면과 떡의 물을 ⅓ 정도 남기고 따라낸 뒤 스프 두 종류와
짜파구리 양념을 섞어 넣고 젓가락으로 치대면서 끓입니다.

❼ 면과 떡을 그릇에 담고 스테이크를 먹기 좋게 썰어 올린 뒤 고기에
소금, 후춧가루로 간을 하고 구운 마늘을 올리면 완성이에요.

불고기 떡볶이 전골

이 요리의 포인트는 밸런스 좋은 불고기 양념장입니다. 이 불고기 양념장으로 바싹
불고기는 물론이고 국물 자작한 불고기도 만들어 먹을 수 있습니다. 불고기 떡볶이
전골을 만들 때에는 고기를 다지는 방식에 집중하세요. 고기에 붙은 지방이 골고루
퍼질 수 있도록 다지듯이 칼집을 넣어줘야 합니다. 이른바 '지방의 재배치'입니다.
이렇게 하면 지방이 골고루 퍼져 고기를 더 부드럽게 먹을 수 있습니다.

매운 양념장을 넣어도 맛있습니다. 이 떡볶이는 국물에 들어가는 양념장이
두 종류라는 게 포인트예요. 떡볶이에 들어가는 부재료도 신경 써주세요.
결국 들어가는 재료가 맛있어야 떡볶이도 맛있는 법이니까요.

4인분	○ 떡국떡 200g ○ 불고기용 소고기 150g ○ 당면 20g ○ 냉동 만두 4개 ○ 멸치 육수 3컵(600ml)
부재료	○ 애호박 ⅓개 ○ 표고버섯 2개 ○ 느타리버섯 1줌 ○ 고구마 ⅓개 ○ 양파 ¼개 ○ 쪽파 2대
불고기 양념장	○ 간장 3Ts ○ 설탕 3Ts ○ 청주 1Ts ○ 다진 마늘 1Ts ○ 참기름 1Ts ○ 후춧가루 약간
매운 양념장	○ 고추장 1Ts ○ 고춧가루 1Ts ○ 설탕 1Ts ○ 다진 마늘 1Ts ○ 생강즙 1Ts ○ 간장 1Ts ○ 다진 청양고추 1Ts ○ 후춧가루 약간

재료 준비하기

❶ 당면은 미리 물에 불리고 불고기 양념장과 매운 양념장은 각각 섞어주세요.

❷ 애호박과 표고버섯은 반달 모양으로 썰고 느타리버섯은 손으로 찢어둡니다.

❸ 고구마는 한입 크기로 썰고 양파는 굵게 채 썰고 쪽파는 4~5cm 길이로
썰어주세요.

❹ 떡국떡은 불고기 양념 1Ts을 넣고 버무려주세요.

❺ 소고기는 칼로 두드린 뒤 불고기 양념장에 재워주세요.

재료 끓이기

❻ 넓은 냄비에 준비한 재료를 모두 돌려 담고 멸치 육수(600ml)를 부어줍니다.

❼ 매운 양념장을 올려 보글보글 끓인 뒤 재료가 어느 정도 익으면 건져내 호호
불어가며 먹습니다.

> 매운 양념장은
> 고춧가루가 충분히
> 불어야 맛있어요.

> 달걀노른자를
> 소스로 활용해
> 스키야키처럼
> 곁들여도 맛있어요!

5

5

76

·—— 낙지볶음 떡볶이 ——·

부모님께서 미식가였던 덕에 어렸을 때부터 다양한 음식을 먹으며 자랐습니다.
무교동 실비집 낙지도 부모님과 함께 자주 갔던 곳이죠. 낙지볶음이 워낙 매워
아버지께서는 저와 동생을 위해 '어린이 메뉴'를 따로 주문해주셨어요. 낙지 다리의
끝부분만 모아 덜 맵게 만들었는데, 그걸 먹을 때마다 안에 떡이 들어 있으면 얼마나
좋을까 생각했습니다.

사이드 메뉴로 파전이 나오면 그걸 찢어 떡처럼 뭉친 후 낙지볶음에 넣어 먹던 기억이
납니다. 어려서부터 먹는 것에 관해서는 창의력이 차고 넘쳤지요. 낙지볶음이나
주꾸미볶음 같은 매운 음식을 보면 저는 항상 떡을 넣고 싶습니다. 떡의 전분이
매운맛을 중화시켜주는 것 같거든요. 매운 걸 못 먹는 분이라면 참고하세요.

4인분　○ 조랭이떡 150g　○ 낙지 2마리(500g)　○ 양파 ¼개　○ 당근 ⅙개　○ 표고버섯 2개
　　　　○ 쪽파 4대　○ 멸치 육수 1컵(200ml)　○ 세척용 밀가루 약간

유장　　　○ 간장 1Ts　○ 참기름 1Ts

낙지 양념장　○ 고춧가루 4Ts　○ 멸치 육수 4Ts　○ 고추장 2Ts　○ 설탕 1Ts　○ 다진 마늘 1Ts
　　　　○ 간장 1Ts　○ 들기름 1Ts　○ 후춧가루 약간

양념　　　○ 식용유·들기름·깨 적당량

재료 손질하기

❶ 낙지 양념장은 미리 섞어 고춧가루를 불려주세요. 멸치 육수 대신 뜨거운 물을
넣어도 좋아요.

❷ 낙지는 밀가루로 문질러가며 깨끗하게 씻은 뒤 큼직하게 토막 냅니다.

❺ 불린 낙지 양념장의 절반을 낙지에 버무려 재워둡니다. 조랭이떡도 유장에
버무려주세요.

❹ 양파는 네모 모양으로, 당근과 표고버섯은 반달 모양으로 썰고 쪽파는 길게
썹니다.

재료 볶기

❺ 팬에 식용유를 두르고 양파와 당근을 넣고 볶습니다.

❻ 조랭이떡을 넣고 어느 정도 익으면 양념한 낙지와 남은 낙지 양념장을 넣고 한번
볶은 뒤 멸치 육수(200ml)를 붓습니다.

❼ 자작하게 끓으면 버섯과 쪽파를 넣어주세요.

❽ 들기름과 깨를 뿌려 마무리합니다. •········ 취향에 따라 참기름을
넣어도 좋아요. 남은
국물에는 김가루를
뿌려 밥을 볶아 먹어도
맛있어요!

⎯• 가래떡소박이 •⎯

이북 사람들은 재료의 속을 가르고 그 안에 뭔가를 집어 넣는
음식을 많이 만들어 먹습니다. 부모님 고향이 이북이라 저도
어렸을 때부터 이런 음식을 자주 접하게 되었어요. 떡이라고
못할 것 없지요. 만두소 만들듯이 떡 안에 넣을 거리를 만들어
떡에 박으면 이름하여 떡소박이!

하지만 이 요리의 한 가지 단점은 손이 무척 많이 간다는
것입니다. 독자 분들이 만들기 어려워할 것 같아 '소개하지
말까?' 하고 고민도 했지만 손이 많이 가는 대신 결과물이
훌륭하니 특별한 날에 도전해보면 좋을 듯합니다. 저도 주로
잔칫상에 올리거나 중요한 손님이 올 때 준비하는 비밀 병기
메뉴이니까요.

여기에서 소개하는 고기소는 떡뿐만 아니라 호박이나 두부 등
속을 파낼 수 있는 재료 어디에도 사용할 수 있습니다. 속을
채운 후 반드시 찹쌀가루를 묻혀 부치세요. 그래야 바삭바삭
맛있습니다.

4인분 　○ 가래떡 3줄(200g)　○ 찹쌀가루 2Ts

고기소 　　　○ 다진 소고기 100g　○ 다진 돼지고기 100g　○ 다진 마늘 1Ts　○ 다진 쪽파 2Ts

고기소 양념장　○ 간장 2Ts　○ 설탕 2Ts　○ 청주 1Ts　○ 다진 마늘 1Ts　○ 참기름 1Ts
　　　　　　　　○ 후춧가루 약간

○ 식용유 적당량

❶ 가래떡은 끓는 물에 살짝 익힌 뒤 가운데 칼집을 내고 고기소 양념 2Ts을 넣어
　버무려주세요.

❷ 고기소 재료를 잘 치대며 섞은 뒤 고기소 양념장을 넣어주세요.

❸ 식용유를 두른 팬에 양념한 고기소를 익혀줍니다. •

뻑뻑하다
싶을 때는 물을
1~2Ts 추가해
볶아주세요.

❹ 칼집을 낸 가래떡에 양념한 고기소를 최대한 넣어주세요.

❺ 가래떡을 찹쌀가루에 고루 묻혀주세요.

고기소 양념에
부추를 넣고
볶아 곁들여도
맛있어요!

❻ 식용유를 충분히 두른 팬에 떡을 굴려가며 노릇노릇 구워 완성합니다.

해산물
마라 떡볶이

요즘 마라 좋아하시는 분들 많죠? 마라는 중국 쓰촨성에서 전해 내려오는 향신료입니다. 쓰촨성에서 나는 고추 세 가지에 쓰촨성 후추인 화자오, 정향 등이 들어간 종합 양념으로 맵고 얼얼하면서 독특한 매운맛을 냅니다. 인도에 카레가 있다면 중국에는 마라가 있다고 생각하면 됩니다. 마라샹궈를 먹을 때마다 '왜 떡 사리 추가가 없지?' 하며 의문을 품어온 저이기에 마라를 베이스로 한 떡볶이 개발은 필연적이었죠.

요리를 하기 전 설탕과 간장, 식초로 재료에 밑간을 하세요. 단맛, 짠맛, 신맛의 비율을 맞춰 밑간해두면 나중에 마라 소스를 넣었을 때 훨씬 맛있습니다. 떡볶이는 단맛이 중요해요. 떡볶이가 적당히 달아야 맛있다는 사실 잊지 마세요. 저는 시원한 맛을 내기 위해 셀러리를 사용했습니다. 요리에 중국풍 분위기를 확실히 내고 싶다면 셀러리를 쓰면 됩니다.

4인분 ○떡국떡 200g ○오징어 1마리 ○새우 4마리 ○홍합 10개 ○대파 흰 부분 1대
○양파 ¼개 ○셀러리 1대(5cm) ○멸치 육수 1컵(200ml) ○세척용 밀가루 약간

양념 ○참기름 2Ts ○식용유 3Ts ○다진 마늘 1Ts ○페페론치노 혹은 말린 홍고추 10개

마라 소스 ○간장 2Ts ○식초 1Ts ○설탕 2Ts ○시판 마라 소스 2Ts

○참기름 적당량

시판 마라 소스를
못 구하셨다면
중화풍 마늘고추
소스로 대체해도
좋아요.

재료 준비하기

❶ 마라 소스의 간장, 식초, 설탕은
먼저 섞어두세요.

❷ 오징어는 밀가루로 문질러 씻은 뒤
눈 쪽을 도려내고 살 안쪽에 칼집을
넣은 뒤 먹기 좋게 잘라줍니다.

❸ 새우는 더듬이와 머리를 가위로
잘라 다듬고 내장을 빼냅니다.
홍합은 문질러 씻은 뒤 이물질을
빼주세요.

❹ 대파와 양파, 셀러리는 1cm 사각형
모양으로 썰어주세요.

재료 볶기

❺ 달군 팬에 참기름과 식용유를 두르고 다진 마늘, 말린 홍고추, 대파, 양파, 셀러리를
넣고 향을 내줍니다.

❻ 준비한 해물과 떡국떡을 함께 넣은 뒤 잠시 볶아주세요.

재료 끓이기

❼ 미리 섞어둔 간장, 식초, 설탕과 함께 멸치 육수(200ml)를 넣어 끓이세요.

❽ 마지막에 시판 마라 소스를 넣고 볶은 뒤 참기름을 둘러 완성합니다.

── 야키소바 떡볶이 ──

중학교 때였어요. 야키소바를 처음 먹으러 갔습니다. '뉴욕뉴욕'이라는 철판
요릿집이었는데, 불판 위에서 해산물과 고기를 넣고 면을 볶아주는 광경을 보고
충격을 받았죠. 인생 처음 맛본 야키소바는 평생 잊을 수 없는 요리가 되었어요. 불을
붙여 요리하는 모습도 신기했고 맛도 정말 좋았거든요.

그후 저는 종종 부모님께 데판야키를 흉내내어 만들어 드리곤 했어요. 당시 일주일
용돈이 4000원이었는데, 이 요리를 하면 부모님께서 용돈을 두둑이 꽂아주셨죠.
불판 위에서 조리해가며 먹는 음식은 가족과 친구들을 행복하게 해주는 것 같아요.
야키소바 떡볶이를 만들 때에는 베이컨이나 양파 등의 부재료를 큼직큼직하게 썰어
준비하세요. 그래야 보기에도 좋고 조리하기에도 좋으며 맛도 좋습니다.

4인분　○국수떡 200g　○베이컨 4장　○숙주 100g　○양파 ½개　○쪽파 4대

야키소바 소스　○간장 4Ts　○청주 3Ts　○설탕 3Ts　○다진 마늘 ½Ts
○생강즙 ½Ts　○멸치 육수 ⅔컵(150ml)

양념　○식용유·참기름·후춧가루·통깨 적당량

❶ 야키소바 소스 재료를 고루 섞어주세요.

❷ 베이컨은 먹기 좋게 썰어주세요.

❸ 숙주는 깨끗이 씻어 물기를 빼고 양파는 채 썰고 쪽파는 길게 썹니다.

❹ 식용유를 두른 팬에 베이컨과 양파를 넣고 볶아 향을 냅니다.

❺ 양파가 어느 정도 익으면 국수떡을 넣고 야키소바 소스를 부어 볶듯이 저어가며
끓이세요.

❻ 숙주를 넣고 살짝 숨이 죽으면 쪽파와 참기름, 후춧가루, 통깨를 넣고
마무리합니다.

파채 제육
국물 떡볶이

그냥 제육볶음도 맛있지만 이 요리는
들깨가루와 파채가 떡볶이 맛을
신세계로 이끌어줍니다. 제육볶음에는
여러 가지가 있죠. 국물 자작한
제육볶음이 있는가 하면 바싹 볶는
제육볶음도 있습니다. 여기에서는 떡을
넣어 먹을 수 있게 국물이 자작하면서도
매콤한 맛이 살아 있는 제육볶음으로
만들었습니다.

돼지고기는 앞다리살, 등심, 목살,
안심 등 좋아하는 부위를 쓰면 됩니다.
돼지고기도 소고기처럼 지방이 골고루
퍼질 수 있게 두드려 손질해 쓰세요.
삼겹살로 만들어도 맛있습니다.

4인분 ○떡국떡 150g ○대파 1대 ○돼지고기 앞다릿살 300g □멸치 육수 1컵(200㎖)

부재료 ○양파 ½개 ○홍고추 1개 ○풋고추 3개 ○깻잎 12장

돼지고기 양념장 ○고추장 3Ts ○고춧가루 3Ts ○청주 4Ts ○간장 2Ts ○설탕 3Ts
○다진 마늘 1Ts ○다진 생강 ¼Ts ○후춧가루 약간 ○참기름 적당량

양념 ○식용유 3Ts ○들기름·들깨가루 적당량

재료 준비하기

❶ 돼지고기 양념장은 고춧가루가 충분히 붇도록 미리 섞어주세요.

❷ 대파는 채 썰어 준비해주세요. 준비가 번거롭다면 시판 파채를 활용해도 좋습니다.

❸ 양파는 채 썰고 홍고추, 풋고추는 어슷하게 썰어주세요. 깻잎은 큼직하게 썹니다.

❹ 돼지고기는 칼등으로 두드려 연하게 만든 뒤 먹기 좋게 자릅니다.

❺ 돼지고기 양념장의 반을 덜어 돼지고기에 버무려 재워두세요.

재료 볶기

6 달군 팬에 식용유를 넉넉히 두르고 양파, 홍고추, 풋고추를 넣어 볶아 향을 내주세요.

7 양념한 돼지고기와 떡국떡을 넣어 볶아주세요.

재료 끓이기

8 멸치 육수(200ml)와 남은 돼지고기 양념장을 번갈아 부으며 떡이 익도록 끓여주세요.

9 깻잎과 파채를 쌓아 올리고 불을 끄세요.

10 들기름과 들깨가루를 얹어 마무리합니다. •

남은 국물에는 꼭
김가루를 넣고 밥을 볶아
먹으세요. 마지막에
달걀프라이를 얹어
먹으면 화룡점정!

LA갈비구이
절편 떡볶이

저의 '최애' 떡볶이를 하나 고르라고 하면 바로 이 떡볶이입니다. 장점이 너무 많은 고급스러운 요리예요. 맛있고 남녀노소 호불호가 전혀 없으며 집에 남아 있는 고기로 쉽게 만들 수 있어요. 언제, 어느 상황에서도 두루 어울리는 음식이지요. 저는 귀한 손님에게 떡볶이를 대접하고 싶을 때, 혹은 가족 모임을 할 때 이 떡볶이 요리를 합니다.

LA갈비는 핏물을 빼지 않고 사용합니다. 대신 물에 살짝 헹궈내세요. 고기를 제대로 손질하고, 양념을 진하지 않게 하는 것이 이 요리의 포인트입니다. LA갈비가 없을 때에는 소고기 등심이나 불고기감, 혹은 돼지고기를 사용해도 됩니다.

4인분	○ 절편 200g ○ LA갈비 6줄(700g) ○ 새송이버섯 2개 ○ 쪽파 10대 ○ 마늘 8쪽

절편 양념장 ○ 간장 2Ts ○ 고춧가루 ½Ts ○ 참기름 2Ts

갈비 양념장 ○ 간장 4Ts ○ 설탕 4Ts ○ 청주 2Ts ○ 다진 마늘 ½Ts
○ 참기름 1Ts ○ 후춧가루 약간

양념 ○ 올리브유·검은깨·참깨 적당량

LA갈비 만들기

① LA갈비는 깨끗이 씻어 뼛가루를 없애고 살 쪽을 살살 두드려 연하게 만듭니다.

② 갈비 양념장을 섞은 뒤 LA갈비를 1시간 이상 재워주세요.

재료준비하기

③ 절편은 절편 양념장에 버무려 재워주세요.

④ 새송이버섯은 가로로 동글동글하게 썰어줍니다.

⑤ 쪽파는 길이로 썰고 마늘은 칼로 눌러 으깨주세요.

재료굽기

⑥ 팬에 올리브유를 넉넉히 두르고 새송이버섯, 쪽파, 마늘을 순서대로 구운 뒤
그릇에 담아두세요.

⑦ 양념한 절편도 떡이 말랑해지도록 구워줍니다.

⑧ 갈비 양념장에 재운 LA갈비는 앞뒤로 촉촉하게 구운 뒤 먹기 좋게 자릅니다.

⑨ LA갈비와 절편, 버섯 등을 보기 좋게 담고 검은깨와 참깨를 뿌려 마무리합니다.

부대찌개 떡볶이

평소 '솔트' 직원들과 함께 스태프 밀로 즐겨 끓여 먹어요. 부대찌개는
언제 먹어도 맛있는 음식이죠. 식사로도, 술 안주로도 좋고 아이와 어른
모두 좋아하니 가히 국민 메뉴라고 부를 만합니다. 부대찌개를 끓일
때에는 '아메리칸 스타일'에 방점을 찍으세요. 치즈, 버터, 베이크드
빈스는 필수입니다. 특히 베이크드 빈스가 핵심이니 꼭 넣으세요. 버터는
찌개 끓이는 마지막 순간에 한 숟가락 크게 떠서 넣어주면 됩니다.

4인분   ○ 떡볶이떡 400g   ○ 프랑크 소시지 3개   ○ 비엔나 소시지 12개   ○ 스팸 ½캔(100g)
        ○ 김치 1컵   ○ 베이크드 빈스 2Ts

유장   ○ 간장 1Ts   ○ 참기름 1Ts

부재료   ○ 양배추 ⅛개   ○ 양파 ½개   ○ 쪽파 4대   ○ 아메리칸 슬라이스 치즈 1장

        ○ 식용유

부대찌개 양념장   ○ 고춧가루 1Ts   ○ 고추장 2Ts   ○ 국간장 1Ts   ○ 설탕 1Ts
                ○ 김칫국물 1컵(200ml)   ○ 멸치 육수 3컵(600ml)   ○ 다진 마늘 1큰술

양념   ○ 식용유 적당량   ○ 버터 1Ts   ○ 후춧가루 약간

재료 준비하기

❶ 떡볶이떡은 유장에 버무려 재워두고, 부대찌개 양념장은 미리 섞어두세요.

❷ 소시지와 스팸은 한입 크기로 썰고 김치도 같은 크기로 썰어주세요.

❸ 양배추와 양파는 네모나게 썰고, 쪽파는 길게 썰어주세요.

재료 볶기

❹ 넓은 팬에 식용유를 두른 뒤 썰어둔 김치와 양배추, 양파를 넣고 볶아주세요.

❺ 유장에 버무려둔 떡과 소시지, 스팸을 넣고 계속 볶아요.

재료 끓이기

❻ 부대찌개 양념장을 넣고 버무리듯 끓여주세요. •
   뻑뻑하다 싶으면 육수를 부어가며 끓여주세요.

❼ 떡과 김치가 잘 익으면 슬라이스 치즈, 베이크드 빈스, 쪽파를 올려주세요.

❽ 버터를 넣고 후춧가루를 뿌려 마무리합니다.

라면을 추가하고
싶다면 육수를
더 붓고 이때
넣어주세요.

PART 4

떡볶이에
곁들이는
사랑스러운
메뉴

설마 떡볶이집에 가서 떡볶이만 드시는 건 아니죠?
저는 항상 사이드 메뉴를 추가해 먹습니다.
떡볶이에 오뎅 빠지는 것 상상이 가세요? 안 되죠.
튀김은요? 무조건이죠. 이번 파트에서는 통닭과
쫄면, 볶음밥과 토스트 등 떡볶이에 어울리는
다양한 사이드 메뉴를 소개합니다. 앞에서 기본
떡볶이와 응용 떡볶이 만드는 법을 익혔다면 이제
한 단계 레벨 업을 할 때입니다. 떡볶이에 어울리는
사랑스러운 간식을 만들어 풍성하고
행복한 시간을 보내길 바랍니다.

── 오징어튀김 ──

튀김은 튀김옷이 생명인 것 아시죠? 바삭하게 튀겨내는 것이 핵심인데, 이 바삭함은
튀김옷이 다 하거든요. 튀김을 만들 때 기억해야 할 첫 번째 룰은 차가운 맥주입니다.
맥주를 넣으면 튀김옷이 더 바삭해지고 단단한 표면이 완성됩니다. 알코올 성분은
튀기는 동안 날아가 큰 문제가 없습니다. 맥주가 싫으면 달지 않은 차가운 탄산수를
사용해도 됩니다.

튀김을 만들 때 기억해야 할 두 번째 룰은 전분과 밀가루의 조합입니다. 밀가루에
전분을 섞으면 튀김옷이 더 바삭해져요. 전분도 옥수수 전분과 고구마 전분 등에 따라
미세하게 달라지죠. 닭을 튀길 때 부위별로 다 다른 튀김옷을 쓰는 치킨 브랜드가
있다는 것 아세요? 그만큼 튀김옷 역할이 크다는 뜻이죠.

제가 운영하는 식당 '솔트'는 튀김이 맛있습니다. 개인적으로 튀김을 무척 좋아하고
이런저런 시도와 실험을 정말 많이 했거든요. 10년 넘게 튀김을 만들다 보니 재료에
따라 전분 종류와 비율을 달리하는 저만의 노하우가 있지요. 그래서 '솔트'에 오시면
튀김을 먼저 찾는 분도 있습니다. 차가운 맥주와 다양한 전분의 사용, 이 두 가지를
기억한다면 '겉바속촉'의 튀김을 맛볼 수 있다는 사실 잊지 마세요!

4인분   ○ 오징어 2마리   ○ 세척용 밀가루 약간

튀김옷   ○ 옥수수 전분 4Ts   ○ 중력 밀가루 2Ts   ○ 맥주 5Ts
           ○ 간장 ½Ts   ○ 참기름 ½Ts

양념   ○ 식용유 적당량   ○ 소금·후춧가루 약간씩

❶ 오징어는 내장을 꺼내고 눈 부위를 도려낸 후 밀가루로 주물주물해
   물로 깨끗하게 씻습니다.

❷ 오징어 몸통 부분은 링으로 도톰하게 썰고 다리는 2개씩 붙여
   잘라줍니다.

❸ 튀김옷 가루 재료와 맥주를 섞어 반죽한 후 간장과 참기름도 함께
   섞어주세요.

❹ 기름이 180°C로 달궈지면 튀김옷에 오징어를 여러 차례 담갔다
   빼서 바로 튀겨주세요.

❺ 소금과 후춧가루를 뿌려 마무리합니다. 떡볶이 국물에 찍어 드세요!

감자 전분보다 옥수수
전분이 더 바삭한 맛을
냅니다. 참기름이 양념으로
들어가면 밀가루 풋내도
날아가고 보다 고소한 향을
즐길 수 있어요.

스팸 무스비

무스비는 세련된 김밥의 모습을 하고 있습니다. 맛이 특이한 건 아닌데, 어쩐지 트렌드에 민감한 사람들이 먹는 김밥이라고나 할까요? 무스비는 제2차 세계대전 때 하와이에서 고기잡이가 금지되면서 생선 대신 스팸을 사용해 스시를 만든 것에서 유래한 음식입니다. 저는 미국에서 생활할 때 무스비를 처음 접했는데, 스팸을 왕창 때려 넣으니 맛이 있을 수밖에 없다고 생각했죠.

무스비 자체만도 맛있지만 여기에 떡볶이 소스를 부어 먹으면 맛이 배가되지요. 사람들이 많이 모이는 파티에 무스비를 만들어 내놓아도 좋아요. 스팸통을 활용하면 예쁘게 모양 낼 수 있습니다. 만들기 쉬운 것에 비해 접시에 예쁘게 플레이팅하면 '있어 보이는' 음식으로 탈바꿈하니 절대 후회 안 하실 거예요.

4인분 ○ 밥 2공기 ○ 스팸 1캔(200g) ○ 달걀 5개 ○ 김 4장

밑줄 <u>밥 양념</u> ○ 설탕 2Ts ○ 식초 2Ts ○ 참기름 1Ts ○ 검은깨 ½Ts ○ 소금 약간

<u>스팸 양념</u> ○ 간장 ½Ts ○ 청주 1Ts ○ 다진 마늘 ½Ts ○ 후춧가루 약간

<u>달걀 양념</u> ○ 멸치 육수 4Ts ○ 간장 ½Ts ○ 참기름 ½Ts ○ 소금·후춧가루 약간씩

○ 식용유·참기름 적당량

❶ 밥은 뜨거울 때 밥 양념을 넣고 잘 버무려주세요. 밥알이 하나로 뭉쳐질 때까지
   계속 자르듯 섞어줍니다.

❷ 스팸은 가로로 도톰하게 자른 뒤 식용유를 두른 팬에 앞뒤로 노릇하게 구워주세요.

❸ 스팸 양념을 끼얹어가며 졸이듯 구워줍니다.

❹ 달걀은 잘 풀어준 뒤 달걀 양념을 넣고 섞습니다.

❺ 식용유를 두른 팬에 달걀물을 부어 달걀말이를 도톰하게 만들어주세요. 이후 한 김
   식으면 스팸 크기로 잘라주세요.

❻ 4등분으로 자른 김 위에 밥, 스팸, 달걀, 밥 순으로 얹고 다시 김으로 감싸
   완성해요. 김 겉면에 참기름을 바르고 먹기 좋게 잘라 떡볶이 국물에 찍어
   먹습니다.

스팸통을 활용해
꾹꾹 눌러가며
만들면 쉬워요.

·── 비빔만두 ──·

비빔만두를 처음 먹어본 곳은 서초동의 떡볶이집이었어요. 대구 음식으로 알려진
비빔만두는 소가 없는 만두로 만드는 것으로 유명하죠. 저는 처음으로 비빔만두를
먹어본 후 충격을 받습니다. 그전까지만 해도 속 빈 만두는 세상에 존재하지
않는 음식으로 생각했거든요. 하지만 이 비빔만두는 곧 사춘기 시절의 제 입맛을
사로잡았습니다. 만두와 각종 채소를 넣고 양념장에 무쳐낸 비빔만두는 새콤달콤한
샐러드 같았거든요.

비빔만두는 양념장이 정말 중요합니다. 저는 단맛의 농도를 맞추기 위해 과일 주스를
사용했어요. 세상의 모든 비빔 요리는 마지막에 넣는 참기름이 핵심입니다. 신선하고
질 좋은 참기름을 쓰셔야 해요. 그래야 참기름 향으로 미각을 먼저 잡은 후 다시
매운맛과 단맛으로 연결될 수 있습니다. 참기름 한 방울이 얼마나 중요한지 실감하는
메뉴가 바로 비빔만두입니다.

2인분 　○ 냉동 만두 8개 　○ 양배추 40g 　○ 당근 30g 　○ 오이 30g 　○ 깻잎 8장

　　　　　○ 식용유 2Ts 　○ 물 1Ts

비빔 양념장 　○ 고추장 1Ts 　○ 식초 1Ts 　○ 설탕 1Ts 　○ 과일 주스 1Ts 　○ 간장 ½Ts
　　　　　○ 다진 마늘 1Ts 　○ 참기름 1Ts 　○ 후춧가루 약간

❶ 비빔 양념장 재료는 고루 섞어주세요.

❷ 달군 팬에 식용유를 두르고 만두를 얹은 뒤 타지 않게 약한 불로 구워주세요.

❸ 겉이 말랑해지면 뒤집은 뒤 물을 넣고 뚜껑을 덮어 1~2분간 노릇하게 구워주세요.

❹ 양배추와 당근, 오이, 깻잎은 모두 가늘게 채 썰어줍니다.

❺ 비빔 양념장에 채 썬 채소들을 넣고 맛있게 비벼주세요.

❻ 접시에 구운 만두를 푸짐하게 깔고 비빔 채소를 얹어줍니다.

만두는 오목한
부분부터
구워주세요.

가능하면
납작한 만두를
사용하세요.

기호에 따라 김가루나
통깨를 뿌리고 참기름
한 방울을 둘러주세요.
삶은 라면 사리를 넣고
비벼 먹어도 맛있답니다!

── 옛날 토스트 ──

어릴 때 아버지께서 신림동에서 약국을 운영하셨습니다.
어느 일요일, 온 가족이 외식을 하고 집으로 돌아가는 길에 약국에
들렀습니다. 잠긴 셔터를 올리고 약국에 들어섰는데 안이 휑한
거예요. 이게 뭔가 싶어 둘러봤더니 약국 안을 꽉 채우고 있던 약들이
하나도 없었습니다. 정말 모두, 완벽히 사라지고 없었어요. 도둑이
들어 약국의 모든 약을 털어간 것이지요. 그때의 충격과 상실감을
떠올리면 지금도 서늘한 기분이 느껴집니다. 모든 게 사라져버린
약국에서 우리가 할 수 있는 일은 아무것도 없었습니다. 결국 약국은
이사를 가야 했습니다.

삶이 일상으로 돌아온 후 저는 종종 그곳에 남겨진 토스트 집을
떠올렸어요. 신림동을 떠난 후 어린 마음에 제일 아쉬웠던 건 약국
앞에 있던 토스트 집이었거든요. 주인아저씨는 마가린을 식빵에 차고
넘치도록 발라 불판에서 앞뒤로 노릇노릇 구운 후 커다란 설탕통에
툭 던졌습니다. 그러면 저는 설탕을 꾹꾹 묻힌 뜨거운 토스트를 입에
물고 세상을 다 얻은 듯 행복해했지요. 그 토스트를 더 이상 먹을 수
없다는 사실에 마음 아팠던 어린 시절의 기억이 떠오릅니다.

옛날 토스트는 버터를 많이 넣고 구우면 됩니다. 정말 만들기 쉬운
음식인데 맛은 길거리 간식 중 지존이라고 할 만큼 맛있습니다. 옛날
토스트에 좀 더 세련된 맛을 더하고 싶다면 시나몬 설탕이나 너트맥
가루를 뿌려보세요. 향긋한 향이 코끝을 간지럽히며 미각을 돋울 거예요.

2인분 　○ 슬라이스 식빵 4쪽 　○ 가염 버터 2Ts

토스트 양념 　○ 설탕 4Ts 　○ 시나몬 파우더 ¼Ts 　○ 너트맥 약간 　○ 소금 약간

❶ 식빵에 버터를 충분히 바르고 달군 팬에 노릇하게 구워줍니다.

❷ 토스트 양념은 분량대로 섞은 뒤 구운 식빵에 뿌리거나 •
문혀주세요. 뜨거울 때 뿌려야 맛있답니다.

기호에 따라
꿀이나 쵸코
시럽을 뿌려
드세요!

치 즈 달 걀 토 스 트

식빵 한 쪽에 치즈 반 장을 올리고 마요네즈 반 큰술을 고루 펼친 뒤
가장자리에 크림치즈를 쭉 짜서 둘러주고 달걀 하나를 깨뜨려 올려
오븐에 5분 정도 구워줍니다. 칼로리는 폭탄이지만 엄청 부드럽고
고급진 치즈 달걀 토스트가 완성됩니다

마늘 통닭

닭 껍질과 몸통 사이, 그 외 끼울 수 있는 모든 곳에 마늘을 꽂아 구운 음식입니다. 닭
껍질을 좋아하는 저는 껍질 사이사이에서 마늘 향이 느껴지도록 만들고 싶었어요.
보기엔 잔인할 수 있는데, 먹어보면 너무 맛있어 자꾸 만들어 먹고 싶은 요리이지요.
저는 호프집에서 치킨을 시킬 때 떡볶이를 함께 주문합니다. 이른바 '치떡'이죠.
떡볶이는 프라이드 치킨보다는 기름 쫙 뺀 로스트 치킨과 더 잘 어울린다는 게 제
생각이에요. 모임이나 파티가 있을 때 떡볶이와 치킨을 콤비네이션으로 내보세요.
특히 여성들이 굉장히 좋아합니다.

집에서 만들 때 오븐이 없으면 통으로 된 생닭 말고 잘라진 닭을 사세요. 만드는
방법은 똑같고 오븐 대신 프라이팬에 구우면 됩니다. 이 요리는 닭의 피하 지방에서
나오는 기름 맛으로 먹는 음식입니다. 기름에 자글자글 구워진 향긋한 마늘 맛이 정말
일품이지요. 닭 뱃속에 마늘 대신 떡을 넣어 구워도 맛있게 즐길 수 있습니다.

4인분 ○ 닭 1마리(600~800g) ○ 마늘 10쪽

마늘 양념장 ○ 다진 마늘 3Ts ○ 청주 2Ts ○ 간장 1Ts ○ 소금 ½Ts ○ 후춧가루 ½Ts
○ 식초 2Ts ○ 설탕 1Ts

○ 올리브유 5Ts

토핑 ○ 로즈메리 적당량

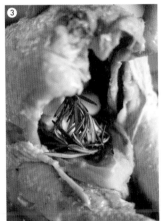

❶ 닭은 꼬리 쪽 지방을 제거하고 뱃속까지 깨끗이 씻은 뒤 물기를
제거해주세요.

❷ 마늘 양념장은 섞은 뒤 닭 껍질에 문질러주고 남은 양념장은 뱃속에
채워주세요.

❸ 마늘 5쪽은 편으로 썬 뒤 닭 껍질에 칼집을 내 사이사이에 꽂아주고
남은 마늘은 뱃속에 넣어주세요.

❹ 올리브유를 고루 뿌리고 200°C로 예열한 오븐에서 40분간 구워주세요.

❺ 닭이 맛있게 익으면 떡볶이와 함께 곁들이세요! 매운 떡볶이와
바삭하고 알싸한 마늘 통닭의 조화가 매우 환상적입니다.

오븐 팬 한편에 물을
내열 용기에 담아
넣어주면 Water
Bath 효과로 닭이
촉촉해집니다.

127

— 떡꼬치 —

'소떡소떡'에 빠져든 시절이 있었는데요. 먹을 때마다 '떡 외에 다른 재료를 추가하면
훨씬 더 맛있을 텐데'라고 생각했습니다.
떡꼬치는 양념이 포인트예요. 수분과 염도가 균형을 이루는 양념장을 제대로
만들어야 맛있는 떡꼬치가 완성됩니다. 그래서 양념장을 만들 때 사용하는 재료가
무척 많습니다.

저는 입에 쫙 붙는 단맛을 내기 위해 고심하다 사이다를 사용해 단맛과 양념의 농도를
조절했어요. 물엿은 음식에 반짝반짝 윤이 흘러 맛있어 보이게 하니 조금 넣었고요.
고기나 햄 등 평소 좋아하는 재료를 함께 넣어 떡꼬치를 만들면 훨씬 맛깔스러워
아이들 간식으로 이만한 게 없죠. 술안주로도 좋습니다.

2인분   ○치즈떡 200g ○스팸 ¾캔(150g) ○대파 흰 부분 4대 ○방울토마토 8개 ○산적용 꼬치 8개

유장 ○간장 1Ts ○참기름 1Ts

떡꼬치 양념장 ○고추장 3Ts ○간장 ½Ts ○설탕 2Ts ○사이다 4Ts ○토마토케첩 2Ts
○다진 마늘 ½Ts ○올리브유 1Ts ○물엿 1Ts ○후춧가루 약간 ○참기름 적당량

○식용유·통깨 적당량

❶ 스팸과 대파 흰 부분은 치즈떡과 같은 크기로 잘라주세요.

❷ 치즈떡과 스팸, 대파는 모두 유장에 비무려주세요.

❸ 산적용 꼬치는 미지근한 물에 10분 정도 담가줍니다.

❹ 방울토마토는 꼭지를 떼고 반으로 갈라주세요.

❺ 떡꼬치 양념장은 모두 섞어 작은 팬에 넣고 살짝 끓입니다. 양념은 오일이
분리되지 않게 저으면서 끓여주세요.

❻ 꼬치에 대파, 치즈떡, 스팸 순서로 꽂고 꼬치 끝에 방울토마토를 꽂아주세요.

❼ 식용유를 두른 팬에 떡꼬치를 앞뒤로 노릇하게 구우며 양념을 고루 발라줍니다.
통깨를 뿌려 마무리해주세요.

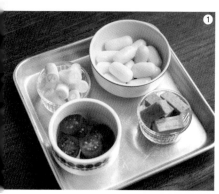

131

— 화산볶음밥 —

이 요리의 핵심은 떡볶이 양념으로 볶음밥을 만드는 거예요. 의외로 잘 어울려 저도 깜짝 놀랐답니다. 떡볶이 먹고 남은 국물에 밥을 비벼 먹는 느낌이 들기도 합니다. 밥이 다 볶아지면 마지막에 김을 바삭하게 구워 밥 위에 솔솔 뿌려 드세요. 이때는 양념이 안 된 김을 사용하셔야 해요. 맛의 궁합이 기가 막힙니다. 만약에 마른 김이 없으면 조미김을 사용하거나 김자반을 사용해도 맛있어요.

2인분   ○밥 2공기 ○마늘 4쪽 ○양파 30g ○당근 20g ○쪽파 2대
          ○표고버섯 2개 ○달걀 1개 ○김 4장

          ○식용유 적당량

          양념 ○떡볶이 양념 3Ts(100g) 29페이지 참조 ○식용유 적당량 ○참기름 2Ts
               ○소금·후춧가루 약간씩

❶ 마늘은 칼로 눌러 으깨고 양파, 당근, 쪽파, 표고버섯은 잘게 다져주세요.

❷ 팬에 식용유를 두르고 마늘이 노릇해질 때까지 구운 뒤 양파, 당근, 쪽파,
   표고버섯을 넣고 볶아주세요.

❸ 밥을 넣고 섞으며 재료가 잘 어우러지도록 볶아주세요.

❹ 밥알이 풀어지면 참기름을 먼저 넣고 떡볶이 양념을 넣은 뒤 물 2~3Ts을 넣어
   촉촉하게 비비며 볶아주세요.

❺ 밥이 잘 볶아지면 화산처럼 쌓은 뒤 가운데를 움푹 눌러 달걀을 깨뜨려 넣으세요.

❻ 소금과 후춧가루를 뿌리고 부순 김을 올려 완성합니다.

·── 쫄면 ──·

2인분 ○쫄면 300g ○양배추 40g ○당근 30g ○양파 ¼개 ○삶은 메추리알 1개

<u>쫄면 양념장</u> ○고추장 4Ts ○고춧가루 1ts ○설탕 2Ts ○올리고당 1Ts ○사과주스 1Ts
○간장 1ts ○식초 3ts ○사이다 2Ts ○다진 마늘 1ts

양념 ○참기름 2Ts ○통깨 적당량

저는 냉면 부심이 있는 이북 집안에서 자랐습니다.
아버지께서는 어머니께서 냉면에 식초를 넣는다는 이유로
이혼하자고 하실 정도로 냉면 사랑이 지극하셨죠. 쫄면을
처음 먹었을 때 이게 음식이 맞나 싶었습니다. 저에게
쫄면에 관한 첫인상은 네 맛도 내 맛도 아닌 어정쩡한 맛,
전체적으로 언밸런스한 느낌을 주는 음식이었습니다.
그래서 저만의 쫄면 먹는 방법을 고안하게 되었지요.

쫄면과 떡볶이를 함께 먹으면 언밸런스한 느낌을 지울
수 있었어요. 둘 다 매운 음식이니 오뎅 국물을 연신
들이켜며 먹게 되죠. 여기에 튀김을 더하면 맛이 더욱
버라이어티해집니다. 튀김을 쫄면에 한 번 찍어 먹고, 다시
떡볶이에 한 번 찍어 먹는 거죠. 차갑거나 뜨거운 매운맛을
번갈아가며 먹으니 기분이 좋아집니다. 저는 떡볶이가
간식이라고 생각해본 적이 한번도 없습니다. 섬세한
양념 조합의 극대화된 맛이 떡볶이거든요. 뻔한 학교 앞
분식이 아닌, 모든 상황과 조건에 열려 있는 음식이 바로
떡볶이입니다.

❶ 쫄면은 물을 넉넉히 넣고 삶은 뒤 찬물에 깨끗이 헹궈 탱글탱글하게 준비해주세요.

❷ 양배추와 당근, 양파는 가늘게 채 썰고 메추리알은 반으로 잘라주세요. • ⌒ 양파의 매운맛이
싫으면 찬물에
담갔다
사용하세요.

❸ 차게 식힌 쫄면은 참기름으로 코팅한 뒤 쫄면 양념장과 채 썬 채소를
넣고 잘 비벼주세요.

❹ 그릇에 양념한 쫄면을 담고 삶은 메추리알을 올린 뒤 통깨를 뿌려 마무리합니다.

── 오뎅 ──

국어사전에서 오뎅을 찾아보면 '어묵의 비표준어'라고 나옵니다. 그런데 어묵이라고
하면 떡볶이 먹을 때 우리가 떠올리는 그 오뎅 국물은 온데간데없고 맛없는 어묵만
남는 기분이 드는 거예요. 그래서 저는 이 책에서 어묵을 '오뎅'으로 표기하기로
했습니다. 독자 분들께서 이해해주시길 바랄게요.

고등학교 때 자주 가던 떡볶이집 중에서 오뎅 국물에 게딱지를 넣어 끓이는 곳이
있었어요. 우리는 게딱지가 1년 내내 그 자리에서 계속 끓고 있는 거라고 농담을
하곤 했습니다. 오뎅 국물은 아주 오랫동안, 일정한 시간 이상 끓여야 제 맛이 납니다.
집에서는 만들기 쉽지 않지요. 하지만 비슷한 맛이 날 수 있도록 연구한 레시피이니
한번 따라 해보세요.

4인분　○ 오뎅(사각 오뎅, 동그란 오뎅 등) 800g　○ 멸치 육수 5컵(1L)　○ 무 ½개　○ 청양고추 4개

　　　양념　○ 국간장 2Ts　○ 다진 마늘 1Ts　○ 청주 3Ts　○ 소금 약간

❶ 멸치 육수(1L)에 무와 청양고추를 통째로 넣고 끓여주세요.

❷ 육수가 끓으면 꼬치에 끼운 오뎅을 넣고 오뎅이 떠오를 때까지 끓여줍니다.

❸ 양념 재료를 넣고 간을 맞춰 마무리합니다.

⏣── 순대볶음 ──⏣

젊은 시절에는 신림동 순대 골목이 유명했습니다. 다들 한 번씩 다녀오는 맛집 순례 코스였는데, 저는 가본 적이 없었어요. 서울대생이랑 연애를 했으면 가봤을 텐데 그렇지 못했습니다^^. 하지만 친구들에게 지기 싫어 가본 척했습니다만 사실이 아니죠. 너무 안타까워요.

처음 순대볶음을 먹었을 때 이건 순대가 아니라 양념의 조화로 먹는 음식이라는 것을 알아차렸습니다. 순대볶음을 만들 때는 양념에 신경 쓰세요. 순대와 함께 볶았을 때 재료와 잘 어우러지는 양념 맛을 내는 게 중요합니다. 순대는 병천 순대나 피순대, 백순대 등 어떤 종류의 순대를 사용해도 상관없습니다.

2인분 　○ 당면 순대 300g　○ 삶은 간 60g　○ 양파 ½개　○ 대파 흰 부분 2대　○ 마늘 6쪽
　　　　○ 청양고추 2개

부재료　○ 고구마 1개　○ 양배추 30g　○ 깻잎 12장

순대볶음 양념장　○ 고추장 4Ts　○ 고춧가루 2Ts　○ 간장 2Ts　○ 설탕 3Ts　○ 다진 마늘 1Ts
　　　　○ 청주 2Ts　○ 들기름 2Ts　○ 들깨가루 1Ts　○ 후춧가루 약간

양념　○ 올리브유 3Ts　○ 들깨가루 1Ts　○ 들기름 적당량

재료 준비하기

❶ 순대볶음 양념장은 미리 섞어 고춧가루를 충분히 불려주세요.

❷ 순대와 간은 한입 크기보다 조금 더 크게 두툼하게 썰어주세요.

❸ 양파와 대파, 고구마, 양배추는 모두 한입 크기로 자르고 마늘은 칼등으로 으깨고
　청양고추는 작게 썰어주세요. 깻잎은 4등분합니다.

재료 볶기

❹ 달군 팬에 올리브유를 두르고 양파와 대파, 양배추, 마늘을 넣어 향을
　충분히 내주세요.

❺ 고구마를 넣고 고구마가 절반쯤 익었을 때 청양고추를 넣어줍니다.

❻ 매운 향이 올라오면 순대와 삶은 간을 넣고 순대 겉이 살짝 바삭해지면
　순대볶음 양념장을 넣어 빠르게 볶아줍니다.

❼ 깻잎을 넣고 들깨가루를 뿌려 완성합니다. 기호에 따라 들기름을
　두르면 더욱 향긋하게 먹을 수 있습니다!

양념이 뻑뻑하다
싶으면 물이나 멸치
육수 3~4Ts을
넣어주세요.

140

그릇에 순대와 간장 3Ts, 다진 마늘 1Ts, 설탕 1Ts, 청주
1Ts, 고춧가루와 후춧가루, 들기름을 각각 1Ts씩 넣고
섞은 후 들깨가루 4Ts을 듬뿍 뿌리면 맛있는 백순대가
완성됩니다.

141

PART 5

가볍게 즐기는
채식 떡볶이

다이어트하는 분들에게 떡볶이는 다소 꺼려지는
음식입니다. 떡이 탄수화물 음식인데다가 칼로리가
높거든요. 요즘엔 다이어트를 하지 않더라도
건강을 위해 탄수화물 섭취를 제한하는 분들도
많습니다. 그런 분들에게 추천할 만한 떡볶이
메뉴를 골랐습니다. 곤약을 사용해 떡과 비슷한
식감을 내거나 몸에 좋은 채소를 듬뿍 넣어 건강을
챙겼습니다. 떡을 덜 넣어도 음식이 맛있을 수 있게
고심했죠. 칼로리가 낮은데 맛있는 음식 만들기
어렵다고요? 그런 선입견을 깨트리는
요리이니 한번 시도해보세요.

곤약 떡볶이

곤약 식감이 떡볶이와 비슷하다는 점에서 착안해
만든 요리입니다. 칼로리도 없으니 다이어트를 위해
채식하는 분들에게 추천할 만합니다.

곤약으로 음식을 만들 때 흔히 데쳐 사용하는데, 마른
팬에 올리브유를 살짝 두르고 곤약을 구우면 쫄깃한
식감과 고소한 맛이 살아납니다. 양념도 더 잘 배고
곤약 특유의 냄새도 사라지니 꼭 한번 구워보세요.

곤약에는 특별한 영양소가 많이 없으니 곁들이는
부재료에 신경 쓰세요. 마늘과 시금치를 충분히
넣고, 부족한 지방산은 견과류로 보충하세요. 이렇게
하면 식감과 영양을 두루 갖춘 음식이 탄생합니다.
떡이 없어도 떡볶이가 될 수 있어요. 그것도 아주
고급스럽게 말이죠.

2인분　○ 통곤약 1개(250g)　○ 당근 30g　○ 대파 흰 부분 2대　○ 마늘 6쪽　○ 애느타리버섯 1줌
　　　 ○ 양파 ½개　○ 시금치 ¼단

양념장　○ 간장 4Ts　○ 식초 2Ts　○ 설탕 3Ts　○ 굵은 고춧가루 1Ts　○ 청주 1Ts
　　　　 ○ 다진 마늘 ½Ts　○ 참기름 2Ts　○ 후춧가루 약간

○ 올리브유 적당량

토핑　○ 아몬드, 호두 등 다진 견과류 적당량

146

❶ 양념장 재료는 모두 섞어주세요.

❷ 곤약은 0.5cm 두께로 썬 뒤 가운데를 중심으로 3군데 칼집을 낸 후 매작과 모양으로 만들어 마른 팬에 올리브유 ½Ts을 두르고 구워줍니다. •⋯⋯⋯

곤약은 데치는 것보다 굽는 게 훨씬 쫄득하고 곤약 특유의 냄새도 쉽게 날릴 수 있어요.

❸ 당근과 대파는 가늘게 채 썰고 마늘은 칼등으로 눌러 으깹니다.

❹ 애느타리버섯은 먹기 좋게 찢고 양파는 굵게 채 썹니다. 시금치는 잎만 먹기 좋게 썰어주세요.

❺ 달군 팬에 올리브유를 두른 뒤 마늘과 양파, 대파를 넣어 향을 냅니다.

❻ 당근과 버섯을 넣고 볶다가 양념장을 넣은 뒤 구운 곤약과 시금치를 넣어 충분히 볶아줍니다.

❼ 조리듯 잘 볶아지면 아몬드, 호두 등 다진 견과류를 올려 마무리합니다.

147

── 냉떡볶이무침 ──

떡볶이를 차가운 샐러드로 변신시킨 요리입니다. 콩은 강낭콩이 아니어도 되니,
좋아하는 콩이 있다면 넣으세요. 부족한 단백질을 콩으로 보충할 수 있는 메뉴입니다.
개인적으로 콩 음식을 정말 좋아하는데, 채식 메뉴에 넣으려고 아껴둔 레시피입니다.

드레싱에 사용하는 국간장과 양조 간장은 둘 다 간장이지만 이 두 가지를 함께
사용하면 맛의 시너지 효과를 냅니다. 무치는 음식의 맛을 더욱 상승시키는 고수들의
레시피에 즐겨 사용하지요.

2인분 　○ 조랭이떡 200g　○ 강낭콩 3Ts　○ 상추 6장　○ 파프리카 1개　○ 양파 ¼개　○ 오이 ½개

드레싱　○ 국간장 1Ts　○ 간장 1Ts　○ 설탕 2Ts　○ 다진 마늘 1Ts　○ 식초 3Ts　○ 참기름 2Ts
　　　　○ 올리브유 1Ts　○ 검은깨 적당량　○ 후춧가루 약간

❶ 드레싱 재료는 미리 섞어두세요.

❷ 조랭이떡은 끓는 물에 살짝 익힌 뒤 찬물에 씻어 매끈하게 만들어주세요.

❸ 미리 만들어놓은 드레싱 1Ts을 넣어 잘 섞어주세요.

❹ 강낭콩은 끓는 물에 15분간 삶은 뒤 찬물에 씻어주세요.

❺ 상추와 파프리카, 양파는 먹기 좋은 길이로 채 썰어주세요. •

❻ 오이는 돌려깎기해 속을 제외한 나머지 부분을 네모나게 썰어주세요. •

❼ 준비한 재료를 드레싱에 모두 넣고 섞어 가볍게 무쳐내 완성합니다.

샐러드로 먹는
양파는 소금을
살짝 뿌린 뒤
물기를 꾹 짜
사용하면 좋아요.

오이씨가
들어가면 물러지기
때문에 이렇게
활용합니다.

마늘 버섯 떡볶이

궁중 떡볶이의 채식 버전입니다. 고기 대신 마늘과 버섯이 주인공이죠. 마늘은 저미지 않고 통으로 익히는 게 포인트입니다. 떡과 표고버섯은 유장에 미리 버무렸다가 사용하세요. 고기가 들어간 궁중 떡볶이 부럽지 않은 채식 떡볶이가 완성됩니다. 표고버섯과 마늘은 오래되지 않은, 최대한 신선한 것을 사용하세요. 그래야 맛있게 먹을 수 있습니다.

2인분   ○ 떡국떡 150g ○ 마늘 20쪽 ○ 표고버섯 8개
○ 양송이 8개 ○ 애느타리버섯 1줌 ○ 부추 1줌
○ 토마토소스 ½컵(100ml) ○ 물 1컵(200ml)

양념장 ○ 고추장 2Ts ○ 간장 2Ts ○ 설탕 2Ts
○ 청주 1Ts ○ 후춧가루 약간

○ 올리브유 적당량 ○ 소금 약간

❶ 양념장은 미리 섞어두세요.

❷ 마늘은 꼭지를 떼어내고 버섯은 한입 크기로 자르고 부추는 길이로 먹기 좋게 썰어주세요.

❸ 팬에 올리브유를 두르고 마늘을 통째로 노릇하게 볶아주세요.

❹ 준비한 버섯은 한번에 넣고 소금으로 간을 해 볶습니다.

❺ 떡국떡과 토마토소스, 양념장, 물을 넣고 재빠르게 뒤적이며 볶아주세요.

❻ 부추를 넣어 완성합니다.

─── 애호박절임 떡볶이 ───

호박을 소금에 절인 후 팬에 볶으면 호박 특유의 달달한 맛이 극대화됩니다.
처음엔 많아 보여도 절인 후에 볶으면 어디로 사라졌나 싶게 양이 줄어드니
처음부터 충분한 양의 호박을 준비하세요.

옛날 궁중에서 즐겨 먹던 것 중 월과(궁중 담벼락에 자라던, 박과에
속하는 식물)를 소금에 절여 볶아낸 음식이 있습니다. 이 요리를 재현해서
현대적으로 만든 게 "월과채"예요. 이 애호박절임 떡볶이는 월과채를
응용해 봤어요. 고기 대신 애호박을 채 썰어 넣고 만들면 달달한 애호박과
떡의 조화가 고급스러운 궁중 음식 맛이 완성됩니다.

2인분 　○떡볶이떡 200g ○애호박 1개 ○양파 ¼개 ○표고버섯 3개 ○대파 흰 부분 2대
　　　　○물 ½컵(100ml)

유장 ○간장 2Ts ○참기름 2Ts

양념장 ○간장 2Ts ○다진 마늘 ½Ts ○설탕 2Ts ○청주 1Ts
　　　　○고춧가루·참기름 적당량 ○후춧가루 약간

○올리브유·참기름 적당량 ○소금·후춧가루 약간씩

❶ 떡볶이떡은 유장(2Ts)에 버무려 잠시 재워두세요.

❷ 애호박은 반달 모양으로 얇게 썰어 소금에 5분 정도 절인 뒤 물기를 빼주세요.

❸ 양파와 표고버섯은 한입 크기로 썰고 대파 흰 부분도 손가락 굵기로 썰어
　준비하세요. 표고버섯은 남은 유장(2Ts)에 버무려 재워두세요.

❹ 팬에 올리브유를 두르고 양파와 대파를 넣고 볶아 향을 내세요.

❺ 떡과 버섯을 넣고 살짝 볶다 애호박을 넣어 초록색이 돌면 양념장과 물을 넣고
　자박하게 끓여줍니다.

❻ 소금과 후춧가루로 간하고 참기름을 살짝 뿌리면 완성입니다.

── 통단호박 떡볶이 ──

파티에 잘 어울리는 떡볶이 메뉴입니다. 단호박을 통으로 익힐 때는 찜기에 찌는 것보다 전자레인지에 돌리는 것이 좋습니다. 단호박은 자체로도 수분을 많이 함유해 전자레인지에 익히기 좋은 재료거든요. 찜기를 사용하면 단호박 모양이 쉽게 무너져 내릴 수 있습니다. 모양도 예쁘지 않을뿐더러 먹기에도 불편하죠. 통단호박 요리는 상에 올리면 그 풍성한 볼륨감으로 사람들의 시선을 사로잡습니다. 여기에 떡볶이 실력이 더해지면 최상의 채식 파티 음식이 탄생할 거예요.

| 4인분 | ○ 떡국떡 150g ○ 단호박 1개 ○ 양파 ¼개 ○ 청양고추 2개 ○ 홍고추 1개 ○ 쪽파 2줄기 |

○ 떡국떡 150g ○ 단호박 1개 ○ 양파 ¼개 ○ 청양고추 2개 ○ 홍고추 1개 ○ 쪽파 2줄기
○ 표고버섯 2개 ○ 옥수수 알갱이 3Ts ○ 물 1컵(200㎖)

○ 견과류(브라질너트, 아몬드, 호두, 캐슈너트 등) 1줌(50g)

<u>유장</u> ○ 간장 2Ts ○ 참기름 2Ts

<u>양념장</u> ○ 고추장 3Ts ○ 고춧가루 2Ts ○ 간장 1Ts ○ 다진 마늘 1Ts ○ 설탕 2Ts
○ 청주 1Ts ○ 후춧가루 약간

○ 올리브유 적당량 ○ 소금·후춧가루 약간씩

재료 준비하기

❶ 단호박은 통째로 깨끗이 씻은 뒤 전자레인지에
4분 정도 돌리고 뚜껑을 도려내 속에 있는
씨앗을 파내세요.

❷ 그릇에 단호박을 뒤집어 올리고 5분 정도 그대로
두면 속의 여열로 남은 단호박이 잘 익게 됩니다.

❸ 양파는 네모나게 썰고 청양고추와 홍고추,
쪽파는 송송 썰어주세요.

❹ 버섯은 한입 크기로 썰어 떡과 함께 유장에
버무려줍니다.

재료 볶기

⑤ 올리브유를 두른 팬에 양파와 청양고추, 홍고추를 넣어 향이 나도록 볶아주세요.

⑥ 유장에 버무려둔 떡과 버섯, 양념장, 물을 넣고 끓이듯이 볶아주세요.

⑦ 옥수수 알갱이와 견과류, 쪽파를 넣고 고루 섞어주세요.

단호박에 채우기

⑧ 씨를 파낸 단호박 안에 소금과 후춧가루를 약간 뿌린 뒤 떡볶이를 넣고
전자레인지에 2분 정도 돌려 완성합니다.

전국 8도
떡볶이 모음

'수요미식회'를 하면서 전국 팔도를 돌아다녔습니다.
맛있는 음식을 찾아다니는 일은 그곳이 아무리
멀다고 해도 전혀 힘들지 않았죠. 식당을 운영하는
주인 입장에서, 또 음식을 사랑하는 손님 입장에서
많이 배우고 경험한 시간이었습니다. 어디를 가든
저는 꼭 떡볶이 맛집을 방문하곤 했어요. 지역에는
항상 독보적인 떡볶이 맛집이 존재하거든요. 서울에
돌아와서도 그 떡볶이가 생각나 입맛을 다시곤
했죠. 그때 기록해두었던 지역별 명물 떡볶이를 제
나름의 방식으로 재해석해 만든 떡볶이 메뉴입니다.
멀리 떠나지 않고도 지방의 특색 있는 떡볶이를
먹고 싶은 분들에게 이 레시피가
도움이 되길 바랍니다.

대구 할머니
후추 떡볶이

방송인 전현무 씨 덕에 알게 된 곳입니다. 전현무 씨가 대구 MBC에서 일할 때
인연을 맺은 떡볶이집이라고 해요. 주변 남자들 중에서 떡볶이에 애정을 갖고
예찬론을 펼치는 사람이 거의 없는데, 전현무 씨는 예외였어요. 이곳 떡볶이집이
없었다면 대구에서의 외로운 생활을 견디기 힘들었을 거라며 입에 침이 마르도록
칭찬했습니다.

대체 얼마나 맛있기에 그럴까 싶어 직접 먹어봤지요. 심각하게 매웠습니다. 그런데
그 매운맛이 우리에게 익숙한 청양고추를 넣은 매운맛이 아니었습니다. 후추로
매운맛을 내는 떡볶이였어요. 굉장히 독특한 맛이었습니다. 저는 이 떡볶이를 통해
'아, 후추의 세계가 이런 것이구나' 하고 새롭게 알게 되었죠.

이 떡볶이를 만들 때에는 반드시 인스턴트 순후추를 써야 알싸하고 매운, 중독성 있는
맛을 낼 수 있습니다. 이렇게 많이 넣어도 될까 싶을 만큼 후추를 듬뿍 넣어주세요.
그래야 후추로만 매운맛을 내는 후추 떡볶이의 진정한 매력을 경험할 수 있습니다.

2인분 　○ 떡볶이떡 200g 　○ 대파 흰 부분 1대 　○ 사각 오뎅 3장 　○ 멸치 육수 1컵(200ml)

　　　　 양념장 　○ 고추장 4Ts 　○ 고춧가루 2Ts 　○ 간장 2Ts 　○ 설탕 3Ts 　○ 굴 소스 2Ts
　　　　　　　 ○ 다진 마늘 1Ts 　○ 후춧가루 1Ts

　　　　 양념 　○ 식용유 적당량 　○ 후춧가루 약간

❶ 양념장 재료는 미리 섞어 준비해주세요.

❷ 떡은 큼직하게 길이로 썰고 대파는 떡과 비슷한 크기로 썹니다. 사각 오뎅은 세모 모양으로 잘라주세요.

❸ 달군 팬에 식용유를 두른 뒤 대파를 볶아 향을 냅니다.

❹ 멸치 육수(200ml)를 붓고 양념장과 떡, 오뎅을 넣어 양념이 떡에 쏙쏙 배어들도록 끓입니다.

❺ 양념이 어느 정도 졸아들면 후춧가루를 약간 뿌린 뒤 마무리하세요.

163

부산 깡통시장 빨간 떡볶이

멋진 바다와 백사장, 즐비한 맛집, 관광 명소로 가득 찬 최고의 여행지가 부산이죠.
저는 부산에 갈 때마다 깡통시장 빨간 떡볶이집에 꼭 들릅니다. 이곳은 맛도 맛있지만
맵기로 소문난 떡볶이를 만듭니다. 색깔도 무척 진해 먹기 전부터 입에 침이 잔뜩 고이죠.

이곳 떡볶이는 조청을 많이 넣고 굵은 가래떡을 사용해 입에 착착 달라붙습니다.
또 떡을 오뎅 국물에 담가둔 다음 사용하는 것으로도 유명합니다. 집에서 따라 하기
힘들다면 일반 가래떡을 그냥 사용해도 됩니다.

2인분　○ 가래떡 5줄(10cm 길이)　○ 사각 오뎅 3장　○ 대파 흰 부분 1대　○ 멸치 육수 1컵(200ml)
　　　○ 조청 ½컵(100ml)

　　　양념장　○ 고추장 5Ts　○ 간장 2Ts　○ 설탕 3Ts　○ 다진 마늘 1Ts　○ 조청 2Ts

❶ 양념장 재료는 미리 섞어두세요.

❷ 가래떡은 10cm 길이 그대로 사용합니다. 사각 오뎅은 네모 모양으로 큼직하게
　 썰고 대파는 길고 어슷하게 썰어줍니다.

❸ 팬에 멸치 육수(200ml)를 붓고 조청을 넣은 뒤 끓입니다.

❹ 육수가 끓으면 양념장과 떡, 오뎅을 넣고 반짝반짝 윤이 나게 끓이다 대파를 넣어
　 완성합니다.

165

─── 강릉 카레 떡볶이 ───

강릉에는 아픈 기억이 많습니다. 사랑하는
사람과 싸우고 나서 헤어질 때 왜 꼭 바람
부는 바닷가 앞이었는지 이해가 가지 않지만,
아무튼 저도 그곳에서 작별을 고하곤 했죠.
그러고 보니 제게 강릉은 추억의 도시네요.
지금은 KTX가 뚫려 여행 떠나기 정말 좋은
곳이 되었습니다. 강릉 카레 떡볶이는 저에게
특별히 인상적인 맛은 아니었어요. 사실은
근처에 맛있는 빵집이 있어 빵 먹으러 갔다가
들른 곳이죠. 하지만 떡볶이에 카레를 넣은 게
신선하게 느껴져 기억에 남습니다.

저는 카레를 좋아해서 카레 가루를 좀 더 넣는
레시피로 변형했습니다. 카레 떡볶이라는
이름에 걸맞게, 한입 베어 무는 순간 진한
카레 향을 느끼게 한 거죠. 순대나 튀김을
카레 떡볶이 양념에 버무려 먹으면 정말
맛있습니다.

167

2인분 　○ 가래떡 2줄(150g)　○ 사각 오뎅 2장　○ 쪽파 4줄기　○ 양파 ¼개　○ 마늘 4쪽
　　　　○ 멸치 육수 1컵(200ml)

　　양념장　○ 고추장 1Ts　○ 고춧가루 2Ts　○ 카레 가루 2Ts　○ 설탕 2Ts
　　　　　　○ 다진 마늘 ½Ts　○ 물엿 2Ts　○ 간장 1Ts

　　　　○ 식용유 적당량　○ 물엿 2Ts

　　곁들임　○ 순대 100g　○ 튀김(오징어튀김, 야채튀김 등) 1인분

168

재료 준비하기

① 양념장 재료는 미리 섞어두세요

② 가래떡과 순대는 한입 크기로 도톰하게 썰어주세요. 오뎅은 직사각형으로 한입 크기보다 크게 잘라주세요.

③ 가래떡과 오뎅은 양념장에 고루 버무려주세요.

④ 쪽파와 양파는 길이로 썰고 마늘은 칼등으로 눌러 으깨주세요.

⑤ 달군 팬에 식용유를 두른 뒤 마늘과 양파를 넣어 향을 내주세요.

재료 끓이기

⑥ 멸치 육수(200ml)를 부은 뒤 재워둔 떡과 오뎅을 넣고 풀어가며 끓여주세요.

⑦ 농도가 나면 물엿(2Ts)을 더해 진득한 질감이 나도록 끓이세요.

⑧ 순대와 튀김을 버무려 함께 드세요.

─── 제주 한치 떡볶이 ───

저는 바다 수영을 좋아해요. 수영을 하고 물 밖으로 나오면
몸은 차가운데 발바닥은 뜨겁죠. 그럼 폴짝거리면서 한치
떡볶이집으로 달려갑니다. 차가운 몸을 이끌고 당도한
그곳에서 뜨끈하면서도 얼큰한 해물 떡볶이를 먹는 맛은 정말
환상적이죠.

제주 금능 해수욕장에서 먹어본 한치 떡볶이 얘기입니다.
이곳 떡볶이는 한치 한 마리가 통으로 올라가 있습니다.
비주얼적으로도 놀랍죠. 간식으로도 좋지만 술안주로 더욱
좋습니다. 이곳은 제주에서 유기견을 보호하는 일을 하는 친한
언니의 소개로 알게 되었어요.

제주에 가면 꼭 들르는 떡볶이 맛집! 이집 맛의 비결은
육수예요. 맑고 시원하게 우린 해물 육수에 매운
청양고춧가루를 사용하죠. 저는 여기에 저만의 비법의
양념장을 더했습니다. 제주에서 먹는 떡볶이처럼 추억의 맛이
나면 좋겠네요.

172

2인분   ○ 가래떡 2줄(150g)   ○ 한치 2마리   ○ 꽃게 1마리   ○ 새우 4마리   ○ 홍합 12개
       ○ 냉동 주꾸미 6마리   ○ 멸치 육수 1컵(200ml)   ○ 세척용 밀가루 약간

부재료   ○ 사각 오뎅 2장   ○ 양배추 80g   ○ 대파 흰 부분 2대   ○ 쑥갓 약간

양념장   ○ 고추장 2Ts   ○ 고춧가루 3Ts   ○ 간장 2Ts   ○ 다진 마늘 1Ts   ○ 설탕 2Ts
        ○ 카레 가루 ¼Ts   ○ 사과주스 2Ts   ○ 다진 청양고추 1Ts   ○ 청주 2Ts   ○ 후춧가루 약간

재료 준비하기

❶ 양념장 재료는 미리 섞어두세요.

❷ 가래떡은 2cm 두께로 동그랗게 썰어두세요.

❸ 한치는 내장을 제거하고 밀가루로 문질러 씻은 뒤 통째로 준비합니다.

❹ 꽃게는 깨끗이 씻어 4등분하고 새우는 등쪽 내장을 빼낸 뒤 더듬이와 꼬리를
   제거합니다. 홍합과 주꾸미는 깨끗하게 씻으세요.

❺ 사각 오뎅과 양배추는 한입 크기로 네모나게 썰고 대파는 어슷하게 썰어줍니다.

재료 끓이기

❻ 큰 냄비에 준비한 해물과 떡, 오뎅, 양배추, 대파, 쑥갓 등을 보기 좋게 둘러 담고
   양념장과 멸치 육수(200ml)를 얹어 한번에 끓여주세요.

❼ 한치가 하얗게 익으면 가위로 잘라 다른 재료들과 함께 푸짐하게 먹습니다.

춘천 닭갈비
떡볶이

저는 닭갈비 예찬론자입니다. 숯불에 닭갈비를 구울 때는 떡을 넣지 않지만 철판
닭갈비를 먹을 때는 떡을 왕창 넣어 먹습니다. 넣을 수 있을 만큼 최대한 많이 넣지요.
닭갈비 양념으로 볶은 떡은 먹어도 먹어도 질리지 않을 만큼 맛있거든요. 그래서 아예
닭갈비 떡볶이를 만들어보았습니다. 소원성취한 거죠.

닭갈비 양념의 핵심은 사과주스와 카레 가루입니다. 달콤하면서도 상큼한 맛을 내죠.
닭갈비 먹고 남은 국물에 칼국수 면을 넣고 볶아 먹어도 맛있습니다. 어떤 재료를
넣고 볶아도 맛있을 수밖에 없는 양념이 바로 닭갈비 양념입니다. 닭갈비를 만들 때
닭은 껍질째 사용하세요. 하지만 자칫 냄새가 날 수 있으니 미리 밑간을 해두는 게
좋습니다. 닭을 양념에 재워두면 풍미도 좋아지고 육질도 부드러워집니다.

2인분   ○ 떡볶이떡 150g   ○ 닭다리살 300g   ○ 고구마 1개   ○ 양배추 30g   ○ 양파 ¼개
○ 대파 1대   ○ 청·홍고추 1개씩   ○ 느타리버섯 1줌   ○ 깻잎 10장   ○ 멸치 육수 1컵(200ml)

닭갈비 양념장   ○ 고추장 3Ts   ○ 고춧가루 1Ts   ○ 카레 가루 ¼Ts   ○ 설탕 2Ts   ○ 물엿 1Ts
○ 다진 마늘 1Ts   ○ 생강즙 1Ts   ○ 간장 2Ts   ○ 사과주스 1Ts   ○ 청주 1Ts
○ 참기름 1Ts

○ 올리브유 적당량

닭 양념   ○ 청주 2Ts   ○ 다진 마늘 ½Ts   ○ 소금·후춧가루 약간씩

고명   ○ 김가루·통깨 적당량

재료 준비하기

❶ 닭갈비 양념장과 닭 양념은 미리 섞어둡니다.

❷ 닭은 한입 크기보다 크게 자른 뒤 닭 양념에 고루 버무려 재워두세요.

❸ 고구마와 양배추, 양파 모두 큼직하게 잘라줍니다.

❹ 대파와 고추는 어슷하게 썰고 느타리버섯은 먹기 좋게 찢고 깻잎은 크게
   3등분해주세요.

❺ 달군 팬에 올리브유를 두르고 양배추와 양파, 대파를 넣고 향이 날 때까지
  볶아줍니다.

❻ 양념에 재운 닭을 넣고 고구마와 떡을 넣어 볶아주세요.

❼ 멸치 육수(200ml)와 닭갈비 양념장을 넣어 보글보글 끓이다가 어느 정도 양념이
  졸아들면 고추와 느타리버섯, 깻잎을 넣고 마무리합니다.

❽ 마지막에 김가루와 통깨를 올려 남은 국물에 밥을 비벼 드세요!

인천 신포시장
닭강정 떡볶이

아주 어렸을 때 인천 신포시장 근처에 살았는데, 기억이
가물가물한 것을 보니 그리 오래 살았던 것 같지는
않습니다. 아버지께서 신포시장 근처에서 약국을
하셨는데, 동네 어른들이 먹을 것을 많이 챙겨주셨던
기억이 납니다. 인상적인 음식은 닭강정이었어요. 튀긴
닭에 매콤달콤한 양념이 묻어 있었는데, 너무 맛있었죠.
저는 이 닭강정 양념에 닭강정만큼이나 수북이 떡을
넣어 먹으면 얼마나 좋을까 생각했어요.

닭강정은 보통 튀김옷을 두껍게 묻혀 튀기지만
저는 튀김 가루를 살짝 입혀 얇게 튀기는 레시피로
만들었습니다. 닭의 맛이 생생하게 살아나거든요.
떡과 대파도 함께 닭강정 양념에 버무려주세요.
떡을 기름에 넣고 튀길 때 터질 수 있으니 반드시
주의하시고요. 팬에 기름을 넉넉히 두르고 굴리듯이
살짝 튀겨내도 됩니다.

178

4인분 　○ 가래떡 3줄(200g) 　○ 닭다리살 300g 　○ 대파 흰 부분 4대

닭 양념 　○ 청주 1Ts 　○ 간장 1Ts 　○ 다진 마늘 ½Ts 　○ 소금·후춧가루 약간씩

튀김옷 　○ 옥수수 전분 4Ts 　○ 밀가루 2Ts 　○ 소금 약간

닭강정 양념장 　○ 고추장 4Ts 　○ 간장 1Ts 　○ 설탕 3Ts 　○ 식초 2Ts 　○ 다진 마늘 1Ts
　　　　　　 ○ 생강즙 1Ts 　○ 물엿 2Ts 　○ 토마토케첩 2Ts 　○ 올리브유 3Ts 　○ 후춧가루 약간
　　　　　　 ※분량의 절반만 사용합니다. 남은 양념은 떡꼬치, 양념치킨 등의 소스로 활용하세요.

○ 식용유 적당량

고명 　○ 견과류(땅콩, 호두 등) 1줌

180

❶ 닭다리살은 큼직하게 썰어 닭 양념에
재워두세요.

살이 두꺼운
부위는
칼집을 넣어
펼쳐주세요.

❷ 가래떡과 대파는 5cm 두께로 썰어주세요.

❸ 양념한 닭고기는 고루 섞은 튀김옷에 묻힌 뒤
180°C로 달군 식용유에 노릇하게 튀겨줍니다.

❹ 가래떡도 겉만 익을 정도로 함께 튀겨주세요.
가래떡은
오래 익히면
터질 수 있으니
주의합니다.

❺ 다른 팬에 닭강정 양념장 재료를 모두 넣고
한번에 바글바글 끓여주세요.

올리브유가
분리되지 않고 섞일 수
있도록 고루 저으면서
끓여야 해요.

❻ 양념장이 거품이 나면서 끓기 시작하면 튀긴
재료를 모두 넣고 고루 버무려주세요. 대파는
튀김옷만 살짝 입혀 튀기지 않고 소스에 넣어
바로 버무려줍니다.

❼ 견과류를 뿌려 완성합니다.

통인시장
기름 떡볶이

대학 시절 통인시장 기름 떡볶이를 처음 경험했습니다. 낯선 비주얼과 희한한 맛에
충격을 받았죠. 처음에는 맛이 없었어요. '이게 뭐지? 무슨 맛으로 이 떡볶이를 먹는
것일까?' 하며 의구심을 가졌죠. 떡을 대충 간도 안 맞게 조리한 느낌이랄까요?
그런데 묘하게 중독성이 있는 거예요. 집에 가서 자려고 누웠는데 갑자기 떡볶이가
생각나는 겁니다. 며칠 후 다시 찾아가 떡볶이를 먹었는데 역시 별 맛이 없었습니다.
그런데 집에 가니 또 생각이 나는 거예요. 희한한 떡볶이였습니다. 그렇게 통인시장
기름 떡볶이의 마성에 빠지게 되었죠.

이곳 떡볶이는 우리나라 전통 방식으로 조리한 떡볶이입니다. 옛날 우리 조상께서
드신 떡볶이가 바로 이런 기름 떡볶이였다는 것이죠. 그 사실을 알고 나니 더욱
애착이 갔습니다. 레시피를 연구하면서 기름 떡볶이는 달지 않고, 짜지 않고, 맵지
않다는 것을 알았습니다. 맛의 밸런스가 탁월하죠. 통인시장 기름 떡볶이는 중립적인
맛을 내면서 어디에서도 맛볼 수 없으니 가히 독보적인 존재라 부를 만합니다.

2인분　○ 떡볶이떡 200g　○ 양파 ¼개　○ 대파 흰 부분 2대　○ 마늘 8쪽

<u>간장 양념</u>　○ 간장 1Ts　○ 참기름 ½Ts　○ 설탕 ¼Ts

<u>고춧가루 양념</u>　○ 고춧가루 ½Ts　○ 간장 ½Ts　○ 참기름 ½Ts　○ 설탕 ½Ts

○ 올리브유 적당량

183

❶ 간장 양념과 고춧가루 양념은 각각 섞어두세요.

❷ 양파와 대파는 길이로 썰고 마늘은 칼등으로 살짝 으깨주세요.

❸ 올리브유를 넉넉하게 두른 팬에 양파와 대파, 마늘을 넣어 볶아 향을 냅니다.

❹ 채소가 노릇하게 익으면 떡을 넣어 충분히 볶아주세요.

❺ 간장 양념을 넣고 전체적으로 고루 볶은 뒤 반으로 나눕니다. 남은 반에 고춧가루 양념을 넣고 볶아줍니다.

❻ 같은 팬에서 각각 볶은 뒤 양념이 고르게 섞이면 그릇에 담아냅니다.

아차산
매운 떡볶이

최근에 꽂힌 떡볶이입니다. 제 떡볶이 애호 리스트의 맨 아래칸을 채우고 있죠.
'솔트'를 운영하면서 알게 된 곳으로 손님들이 이곳 떡볶이는 줄 서서 먹을 정도로
유명하다고 해서 가보았습니다. 처음엔 줄까지 서서 먹을 일인가 했는데, 역시 또
매료될 수밖에 없는 매력적인 맛이었습니다.

떡볶이가 굉장히 자극적이고 매운데, 함께 곁들여 먹는 핫도그와 달걀의 조화가
훌륭했습니다. 독자 분들도 여길 찾아가 줄 서서 먹기 싫다면 한번 만들어보세요.
기본 떡볶이에 곁들임 메뉴를 응용하는 것만으로도 독특한 떡볶이를 만들 수 있어요.
요즘 가장 열심히 만들어 먹는 떡볶이입니다.

2인분　○떡볶이떡 200g　○오뎅 100g　○대파 흰 부분 1대　○멸치 육수 1컵(200ml)

　　　　○삶은 달걀 1개　○시판 핫도그 2개

양념장　○고추장 2Ts　○고춧가루 2Ts　○간장 1Ts　○다진 마늘 2Ts　○물엿 3Ts
　　　　○설탕 2Ts　○카레 가루 ½Ts　○후춧가루 약간

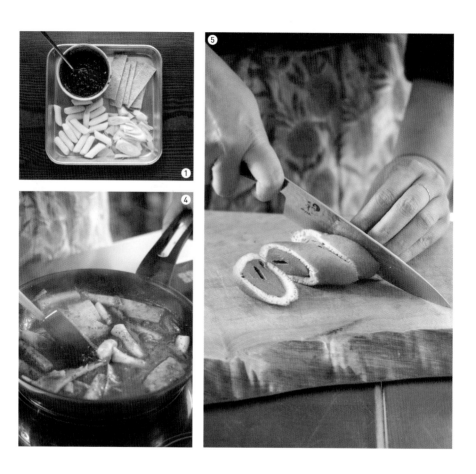

❶ 양념장 재료는 미리 섞어 준비하세요.

❷ 오뎅은 길게 썰고 대파는 어슷하게 썹니다.

❸ 멸치 육수(200ml)에 양념장을 풀어 끓여주세요.

❹ 보글보글 끓으면 떡과 오뎅, 대파를 넣고 끓입니다.

핫도그는 접시에
담기 전
전자레인지에 살짝
데워주세요.

❺ 완성된 떡볶이는 접시에 담고 삶은 달걀과 시판 핫도그를 먹기 좋게 잘라 함께
올려냅니다.

189

떡볶이도 대단한 요리다!

오랜만에 책을 냅니다.

한동안 쏟아내듯 책 출간에 힘쓰던 시절이 있었어요. 그러다가 어느
순간 뚝 끊겼습니다. 잊고 있었죠. <모두의 떡볶이>를 작업하며 제가
4년 만에 여러분과 책으로 만나는 기회를 갖게 되었습니다.

맛과 멋과 풍류는 3대를 거쳐야 나온다는 속설이 있습니다. 맛에 대한
감각, 미식에 대한 이해는 오랜 시간 축적된 경험을 통해서 우러나올 수
있다는 뜻이겠죠.

저는 어린 시절부터 먹는 것과 인연이 깊었습니다. 미식에 조예가
깊은 집안에서 자란 덕분이지요. 외할머니께서는 유명한 치과 의사로
할머니 댁에 가면 처음 보는 신기한 음식들이 정말 많았어요. 제가
할머니께 예쁜 짓을 하면 장롱에 넣어두었던 마들렌을 선물로 주셨죠.
떡은 항상 떨어지지 않아 가래떡, 증편, 절편, 꿀떡 등 종류별로 다
맛볼 수 있었어요. 기름 살짝 두른 팬에 절편을 앞뒤로 노릇노릇하게
구워내면 쫀득하니 정말 맛있었습니다. 여기에 꿀을 듬뿍 찍어 먹으면
그 맛은 가히 환상적이었지요.

휴일에는 부모님과 함께 외식을 많이 했습니다. 우래옥, 취영루, 서린
낙지 등 어릴 때부터 유명하다는 맛집들을 다녔습니다. 저는 일찍부터
어느 식당에 가면 맛있는 냉면 혹은 맛있는 만두를 먹을 수 있는지
알고 있었습니다. 어릴 적부터 쌓아왔던 다양한 미식의 경험이 저를
요리연구가로 만들어준 것이죠.

처음 떡볶이에 관한 책을 낸다고 했을 때, 살짝 망설이기도 했습니다.
주변에서 너무 가벼운 주제가 아니냐며 더 규모 있는 요리책을
만들어야 하지 않느냐며 조언을 많이 했거든요. 하지만 오래전부터
떡볶이 책을 내고 싶다는 생각을 하며 살았어요. 떡볶이는 저의 소울
푸드이자 제 삶의 의미 있는 순간에 항상 함께한 음식이었거든요. 아마
이 책을 꼼꼼히 읽으면 눈치챌 수 있을 거예요.

저는 떡볶이가 요리가 아니라고 생각해본 적이 한번도 없습니다.
평범함을 넘어 다양한 변주가 가능한, 잠재력이 무궁무진한 음식이
바로 떡볶이거든요. 떡볶이는 재료가 섞이고 양념이 들어가면서
폭발적인 맛을 냅니다. 카레나 마라 등 이국적인 향신료와 만나면
전혀 새로운 맛의 세상이 열리기도 하고요. 옛날에도 양반부터 서민에
이르기까지 두루 즐겨 먹은 음식이 떡볶이입니다. 떡볶이는 식사
대용은 물론이고 간식이나 술안주, 손님 초대 요리 등 다양한 장소와
분위기에도 잘 어우러지죠.

떡볶이의 무한한 매력을 함께 나누고 싶습니다.
이런 제 바람이 독자 여러분의 마음에 가 닿기를 희망합니다.

2020년 12월 솔트에서 **홍신애**

191

INDEX

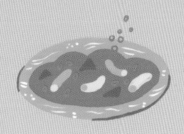